阿德勒的生命重建课

[奥]阿尔弗雷德·阿德勒 著
张积模 江美娜 译

天津出版传媒集团
天津人民出版社

只 为 优 质 阅 读

好
读

Goodreads

目 录

Contents

第一章

缺陷也是一种优势

伟大的哲学家威廉·詹姆斯曾经说过："只有与生命直接相关的科学才是真正的科学。"也就是说，在与生命直接相关的科学中，理论与实践几乎是分不开的。生命科学建立在生命的律动之上，正因如此，它又是一门研究生活的科学。这一点尤其适用于个体心理学。个体心理学把个体生命视为整体，而个体的每一个反应、每一个动作、每一次冲动都是其生活态度的具体体现。这样一门科学势必是以实践为导向的，人们可以借助有关知识来修正乃至改变自己的生活态度。

个体心理学是在努力了解神秘的生命创造力这一过程中逐渐发展起来的。正是有了这种神秘的力量，人们才会不断发展、不断完善、开拓进取、积极向上，甚至可以做到“失之东隅，收之桑榆”。这种力量是以目标为导向的，具体表现在对目标的追求之中。在这一过程中，身心配合，天衣无缝。因此，抛开整体概念，抽象研究身体活动与精神状态是非常荒谬的。比如，在犯罪心理学领域，过度重视犯罪而忽略罪犯是不科学的。事实上，罪犯（而非犯罪）才是研判犯罪最为重要的因素。如果不能把犯罪行为视为特殊个体生活中的一段经历，那么，再怎么研究犯罪行为都是毫无意义的。同一个行为在一个案件中是有罪的，而在另一个案件中则可能是无罪的。关键是，要弄清罪犯的生活背景，了解其生活目标。只有了解了这些，方能做到沿波讨源、顺藤摸瓜，对其行为举止追根究底。只有这样，才有助于我们理解诸多独立行为背后的含义，将其视为整体的组成部分。反之，研究局部时，只要我们将其视为整体的一部分，对更好地了解整体就大有裨益。

就作者本人而言，对心理学的兴趣源于医学实践。医学实践为理解心理学提供了全新的视角——即目的论视角。在医学实践中，我们发现，所有器官都有明确的发育目标，发育成熟后都有明确的形状。如果器官出现先天不足，人体会千方百计加以弥补，或培育出新的器官来替代缺损器官的功能。生命总是这样，源源不断、川流不息，绝不会轻易屈服于外界阻力。

人类的精神活动与有机生命的运动十分相似。每个人的心中都有一个理想，通过设定具体的目标，弥补缺陷、超越现状。有了具体的目标，有了对成功的希冀，个体就会信心满满，克服障碍。相反，没有明确的目标，个体的所有行为都将失去意义。

所有证据都表明，具体目标必须在早期（童年时期）确立。成熟个性就是在这个时期慢慢出现原型的。想象一下这是怎样的一个过程。当一个软弱自卑的孩子深陷绝境时，便会努力发展，沿着既定目标砥砺前行。在这一阶段，发展目标比发展所需的物质条件更为重要，因为目标决定着努力方向。目标是如何确立的，没人说得清楚，但显然是客观存在的，并主导着孩子的一言一行。此时，孩子的天赋、冲动、理智、能力乃至缺陷，我们都所知甚少。时至今日，这一切仍然是个未知数，因为只有当目标确立之后，孩子的发展方向才能明晰可辨，只有在看清孩子的发展方向之后，才能预测其未来将会怎么走。

原型蕴含着个体人生目标的早期个性。原型一旦形成，人生的发展方向也就确定了，人生目标也就明朗了，个体的命运也就可以预见了。此后，个体的统觉[①]自然而然地与人生方向趋于一致。儿童不会客观地看待具体情况，而是完全跟着统觉走。也就是说，儿童会戴着有色眼镜根据个人好恶去理解身边的世界。

这种联系揭露出一个非常有趣的现象：有生理缺陷的孩子总是把自己的经历与缺损器官联系起来。比如，患胃病的孩子对食物有着异常的兴趣，视力欠佳的孩子则热衷于一切可见的事物。这种痴迷与个体的统觉完全一致。因此可以这么说，要想了解孩子的兴趣所在，只

---

① 统觉："统觉"是赫尔巴特教育思想中的一个最基本的心理学理论，"统觉"（apperception）一词最初是由莱布尼兹提出的。莱布尼兹认为，统觉是一种自发的活动，它主要依赖于心灵中已有内容的影响。通过统觉，人们理解、记忆和思考相互联合的观念，从而使高级的思维活动得以完成。

需要知道他哪个器官受损即可。然而，事情往往没有这么简单。儿童的器官自卑并非像外人观察的那样，事实上，器官自卑完全是源于自己的统觉。因此，尽管器官自卑构成儿童统觉的重要因素，然而，对这种自卑感的外部观察不一定能为了解儿童的统觉提供任何线索。

这一切都是相对的。在这一点上，孩子和成人没有什么两样，因为任何人都不可能掌握绝对的真理，即便科学，也是如此。科学是建立在常识的基础之上的，常识需要不断修正，将大错慢慢变成小错。人非圣贤，孰能无过？重要的是，要知错必改。纠错在原型期相对容易。如果当时没有及时纠错，那么，日后再想纠正，就必须回忆当时的情形。因此，在治疗神经症患者时，关键不是去探讨他成年后所犯下的一般性错误，而是要回到他的早期生活当中，了解其在原型形成期间所犯下的根本性错误。一旦找到症结，就可以对症下药，有针对性地进行治疗。

按照个体心理学的看法，遗传基因并非十分关键。一个人遗传了什么并不重要，重要的是，这种遗传基因在他早期生活中打下了什么样的烙印，即形成了什么样的原型。先天性生理缺陷当然要归咎于遗传，但是，我们所面临的问题是要减轻生理缺陷给孩子带来的特殊困难，给他们创造一个舒适的、正常的生存环境。事实上，我们不妨把这个看成是一种优势，因为找到了缺陷，就找到了弥补的方法，就可以做到有的放矢。相反，那些没有任何遗传缺陷的健康儿童却往往会因为营养不良或抚养不当而变得问题多多、乏善可陈。

对于存在先天生理缺陷的孩子来说，心理状况则显得尤为重要。由于他们的生活环境比常人艰难，所以自卑感就越发强烈。在原型开始形成之际，他们便更加关注自己；长大以后，这种情绪会一直伴随左右。生理自卑并非导致原型偏差的唯一原因，其他因素也不可忽视，如童年时期受到溺爱或遭到厌恶，等等。生理缺陷、被过分溺爱或遭到厌恶是影响儿童成长的三大不利因素。这一点我们会在后面进行详细讨论，并用实例来加以说明。目前，我们只需要知道这样一点就够了——那就是，这三种儿童心理上都是有残疾的，因为他们都是在不利的环境下长大的，从来没有学会独立，并时刻担心来自外界的攻击。

由于社会兴趣是教育和治疗中最重要的组成部分，因此，人们从一开始就要对被治疗者有必要的了解。只有勇敢自信、熟谙世事的人才能同时从生活的苦难和馈赠中汲取营养。他们的字典里从来就没有“恐惧”二字。他们知道困难无处不在，同时也相信自己有能力将其克服。他们严阵以待，决心直面任何人生挑战，或者说直面社会问题。从人类的立场来看，我们绝对有必要做好准备，随时面对他们各种各样的社会行为。前面提到的三类儿童从一开始就对社会不感兴趣，他们内心缺少成就生活、战胜困难的心智因素。在失败阴影的笼罩下，他们早期原型对生活中出现的问题产生了一种错误态度，认为生活毫无意义。面对此类患者，我们的治疗方法就是帮助其形成有益的行为习惯和积极的生活态度。

缺乏社会兴趣导致人们去关注生活中的负面因素。对社会缺乏兴趣的人包括问题儿童、囚徒罪犯、精神疾病患者以及酒鬼醉汉，等等。我们的任务就是要帮助他们看到生活好的一面，让他们把目光投向别人。由此看来，“个体心理学”实际上就是“社会心理学”。

继社会兴趣之后，下一步就是找出阻碍个体发展的种种问题。这一点乍看起来令人困惑，但实际上并不复杂。众所周知，所有父母的宝贝疙瘩都有可能变成令人讨厌的孩子。然而，无论是社会还是家庭，都不愿意眼睁睁地看着这种现象继续下去。这是文明社会发展的需要。一个被宠坏了的孩子很快就会面临各种各样的人生问题。一旦踏入校门，就会发现自己置身于一个全新的环境，面临着全新的问题，不愿意与同学们一起学习、一起游戏，因为在此之前他还没有学会如何适应学校里的集体生活。事实上，他早期的所有经历都让他对新的环境不寒而栗，结果势必会促使他去寻求更多的宠爱。就本例而言，通过了解其早期特点和人生目标，不难发现，这样的性格绝非源自父母，因为这样的性格有利于他实现人生目标。至于别的目标或别的方向，则与他风马牛不相及了。

生活的科学要研究的下一个问题是情感问题。目标设定的“方向线”或“轴线”不仅影响着个体的性格特征、身体运动、神态表情及外在症状，同时也左右着他的情感生活。值得注意的是，每个人都试图通过情感来证明其态度的正确。因此，一个人如果想做好事，其想法就会无限放大，并最终支配着整个情感生活。由此可见，情感总是与个体对活动的看法保持一致，换句话说，情感强化了个体对活动的爱好。即使没有情感投入，我们也总是做着自己想做的事情，因为情感只是行为的伴随物。

这一事实通过梦境体现得淋漓尽致。个体心理学最新的成就之一也许就是发现了梦的意义。毫无疑问，每个梦都有其目的。可惜的是，直到今天，人们才开始明白这一点。一般而言，梦的目的在于创造某种情感运动，而情感运动又会进一步推动梦的展开。这是对“梦都是假的”这一古老观念的有趣评判。我们会按自己想要的方式去做梦。梦是一种情绪预演，体现了清醒时对行为的计划与态度，而在这种预演中，真戏可能永远无法上演。从这个意义上说，梦的确具有欺骗性，因为情感联想让我们在没有真正行动的情况下体会到了行动带来的刺激。梦的这一特征也存在于我们清醒的生活之中。我们总想欺骗自己的情感，总想说服自己按四五岁时形成的原型去行事。

接下来是对早期原型进行分析。前面说过，我们的原型在四五岁时就已经形成，因此，必须寻找那个时期或者之前给孩子留下的生活印象。这些印象多种多样，多到成人难以想象。其中一个最常见的印象就是父母的过度惩罚给孩子造成的情感压抑，其结果是，孩子千方百计寻求解脱，或者心理上产生排斥。因此，脾气暴躁的父亲会让女儿形成一种排斥男性的心理，因为在她们眼里，所有男性都是一样的，故而造就了她的原型。同样，过度强势的母亲会将儿子造就成一种排斥女性的原型。这种排斥的态度有各种各样的表现形式，比如，有的孩子会异常害羞；有的则会出现性欲倒错，而性欲倒错实际上是排斥女性的另一种方式。这些异常行为都不是遗传导致的，而是源于儿童早期的成长环境。

儿童往往要为自己早期形成的错误认知付出昂贵的代价。尽管如此，他们却很少得到正确的引导。父母对这样的后果要么是全然不知，要么是不肯承认。因此，孩子只能在人生的道路上自行摸索。

奇怪的是，我们发现，即使两个孩子出生在同一个家庭里，其成长环境也各不相同。即使在同一个家庭中，每个孩子周边的氛围也是不一样的。所以，长子在家庭中的处境与别的孩子有着明显的不同。一开始，他是家中的独子，是家人关注的焦点。一旦第二个孩子到来，他就会发现自己失宠了，会非常抗拒这样的改变。事实上，从当初的“独宠”到后来的“失宠”，简直就是一出人生悲剧。这种悲剧意识成为他原型的一部分，并在成年后的性格中显现出来。种种案例表明，这样的孩子往往会遭受失败的命运。

家庭中的另一种差异体现在性别上。一般认为，男孩往往无所不能，女孩总是一事无成。这样的女孩长大后会变得畏首畏尾、疑心太重，并且一辈子都会优柔寡断、首鼠两端，总认为只有男人才能顶天立地，成就大事。

次子在家庭中的地位也比较特殊。他的处境与长子迥然不同，因为长子总是作为一个标杆与他并列前行。结果证明，次子往往会超过长子。究其原因，不难发现，面对这样的竞争者，长子感到十分不爽，而这样的感觉最终也会影响他在家庭中的地位。长子非常害怕这样的竞争，结果是处处落败，渐渐失去父母对他的好感。自然而然地，父母开始把目光投到次子身上。从另一方面来说，次子由于始终面临着标杆的挑战，因此一直处于竞争状态，其所有特征都反映出他在家庭中的特殊地位：桀骜不驯或者蔑视权威。

在历史书籍和传记作品中，我们总能看到幼子往往具有超常的能力。约瑟夫[①]就是一个典型的积极例子，他的雄心就是要力克群雄、称霸天下。约瑟夫离家多年之后，他的一个弟弟出生了。但是这并没有改变他在家

① 约瑟夫：根据圣经《创世纪》（第37章，第39～45章）——这是关于一个名叫约瑟夫的年轻人的故事。他父亲的名字是雅各，他们住在迦南，他的祖父以撒来自迦南。约瑟夫今年十七岁，他有十一个兄弟，只有一个兄弟比他年轻。

庭中的地位，他的地位依旧是家中的“幼子”。类似的描述在神话故事里比比皆是，幼子总是故事的主角。从中不难看出这些性格特征是如何在孩子童年时期开始形成的，如何随着他见识的增加才渐渐有所改变的。所以，要想改变一个孩子，就必须让他了解童年初期究竟发生了什么事情，让他知道他早年的经历正在毁掉他的生活。

早期记忆研究是理解原型和个体性格的一个重要方法。知识与观察都促使我们得出这样一个结论，即“早期记忆属于原型的一部分”。为了说明问题，不妨举几个例子。就拿有生理缺陷的孩子来说吧！如果他有胃病，那么，他的所见所闻很可能都与食物有关。再拿一个左撇子孩子来说吧，他的用手习惯同样会影响他对事物的看法。有人也许会跟你谈起百般溺爱他的母亲，谈起弟弟妹妹的降生；如果有人有个脾气暴躁的父亲，他也许会谈起曾经挨揍的情形；如果有人在学校里是个人见人恨的孩子，他也许会谈起被同学攻击的事情。所有这些都是非常珍贵的信息，前提是要懂得如何去理解它们的重要性。

理解早期记忆是一门艺术，需要有极大的同情心，即具有能设身处地感受儿童早期境遇的能力。唯有具有极大的同情心，才能真正理解弟弟妹妹的出生对于年长的孩子来说意味着什么，才能体会一个坏脾气父亲的虐待行为在孩子的内心留下怎样的阴影。

说到这个话题，必须强调的是，任何形式的惩罚、责备或说教都不会收到预期的效果。如果孩子和家长都不清楚哪些方面需要改正，那么，一切努力都将付诸东流。如果孩子不理解自己为什么受罚，那么，他只会变得更加狡猾，更加懦弱。而且他的原型也不会因为惩罚和说教而发生任何改变。生活经历本身不足以改变个体的原型，这是因为生活经历与个体的统觉是完全一致的。因此，只有了解了基本人格，才能有所改变。

仔细观察一个身心发育不良的孩子的家庭，就会发现，尽管孩子看上去都很聪明（所谓聪明，指的是能够正确回答问题），然而，其言谈举止和面部表情无不流露出一种深深的自卑感。当然，聪明不一定指的是拥有常识。这些孩子身上都有一种“个人特有的”——我们称之为“私人的”——心态，一种神经症患者特有的心态。就拿一个强迫性神经官能症患者来说吧，他明明知道数窗户是一种无益的行为，却就是停不下来。而一个对有益事物感兴趣的人是永远不会这样做的。精神失常的人往往有自己独特的理解方式和言谈方式，他们从来不依据常识说话，而依据常识说话恰恰是社会兴趣的高度体现。

比较一下常识判断和个人判断，就不难发现，基于常识的判断往往是正确的。常识可以用来区分好坏。尽管用简单的常识去判断复杂的情况免不了出错，但是随着常识的积累更新，这些错误往往会自我更正。不过，那些只关心自身利益的人却很难像他人一样轻易区分正误。实际上，他们这样做的结果反而会暴露自身的不足，因为他们的一言一行在旁人眼里都是明明白白的。

以犯罪为例。询问一下罪犯的智力、理解能力及犯罪动机，不难发现，罪犯总是觉得自己的行为很聪明、很勇敢。他觉得自己实现了某种超越。也就是说，他认为自己的智商超过了警察，他是别人的“克星”。在他眼里，自己是一位十足的英雄，却从未意识到自己的行为与真正的英雄行为相差十万八千里。他缺乏社会兴趣，因而总是把精力放在生活中无益的事情上面，而这一点与缺乏勇气和性格懦弱是分不开的。然而，他自己对此并不知晓。那些关注无益事物的人常常害怕黑暗，害怕孤独，总想和别人待在一起，这恰恰就是懦弱的表现。事实上，制止犯罪最好的方法就是让人人知道，犯罪纯粹是懦弱的表现。

众所周知，有些罪犯到了而立之年会选择工作，选择结婚，并且在以后的日子里，会老老实实、规规矩矩，力争做一个遵纪守法的良民。这是为什么呢？拿夜贼来说，一个三十岁的夜贼哪能比得上一个二十岁的夜贼？二十岁的夜贼身体更加强壮，脑瓜更加灵活。而到了三十岁时，罪犯不得不考虑换一种生活方式了，因为光靠犯罪很难维持生计。所以，最好的选择就是浪子回头或金盆洗手。

另外一个与罪犯有关的事实需要牢记在心，那就是，加大惩罚力非但不会吓倒罪犯，反倒会激发他的英雄情结。要知道，罪犯通常生活在以自我为中心的世界里。在那里，没有真正的勇气，没有自信，没有集体意识，也没有对普世价值观的理解。这样的人是很难融入社会的。神经症患者不太可能创办一个俱乐部，而且对于一个广场恐惧症患者或精神错乱的人来说，这简直就是痴人说梦。问题儿童或有自杀倾向的人从来不会结交朋友，个中缘由不得而知。不过，有一点是可以肯定的。那就是，他们不交朋友，是因为他们的早期生活是自我封闭的。他们的原型把他们引向了错误的目标，引向了生活中无益的一面。

现在，让我们来看看个体心理学为神经症患者提供的教育和培训项目吧。这里所说的神经症患者，包括患有神经症的儿童、罪犯以及那些试图借助酒精来逃避积极生活的人。

为了快速有效地找出问题的根源，一开始，我们会询问患者问题是什么时候开始的。患者往往会把问题归咎于新的环境。然而，这只是一种误解，因为在具体问题出现之前，患者就没有为环境的变化做好充分的准备，这一点在随后的调查中也得到了印证。如果一直是顺风顺水，那么，患者原型中的错误就不会显现出来。然而，新的环境带来了新的考验，患者必须根据自己源于原型的统觉做出相应的反应。这种反应不是机械性的，而是创造性的，并且与左右其终身生活的目标是完全一致的。早期个体心理学研究的经验告诉我们，应该抛开遗传及其他独立因素的影响。结果发现，原型会根据统觉对生活经历做出回应。因此，要想取得任何进展，就必须对统觉进行深入研究。

至此，我们总结了一百多年前的个体心理学的研究方法。正如人们所看到的那样，个体心理学在新的领域里走了很长的路。众所周知，世界上存在着各种各样的心理学理论和精神病学理论。一位心理学家可能选择一个方向，另一位心理学家可能选择另一个方向，谁都不相信别人的选择是正确的。也许，读者也应如此，不要轻信盲信，最好能对各种理论进行一下比较研究。这样，你会发现，我们并不认同以美国心理学家威廉·麦独孤为代表的“策动（驱力）心理学”，因为他们所说的“驱力”包含了太多的遗传因素。同样，我们也不认同行为主义学派所说的“条件”和“反射”这样的概念。这是因为如果不了解个体的生活目标和努力方向，单纯以“条件”和“反射”来构建一个人的命运和性格是毫无意义的。在上述心理学流派中，没有一个把个体的目标作为研究对象。

诚然，说到“目标”二字，很多读者都会感到有些困惑。的确，这个概念应该更具体一点，更明确一点。所谓目标，归根结底，就是要力争活成上帝的样子，而“活成上帝的样子”当然是“终极目标”，即“目标中的目标”。教育工作者在引导自己或者孩子活成上帝的样子时，一定要小心谨慎。事实上，我们发现，儿童在身心发展的过程中，需要建立一个更加具体的、更加直接的目标。儿童寻找自己生活中的强者，并将其视为自己的榜样或奋斗目标。这个人可能是父亲，也可能是母亲。研究发现，如果母亲足够强大，那么，即便是男孩，也会把她当成自己效仿的楷模。之后，他们可能想成为“马车夫”，因为在他们眼里，“马车夫”是当之无愧的强者。

如果孩子把“马车夫”当成奋斗的目标，那么，他就会在行为、感觉和穿着打扮上刻意模仿，极力表现出与目标一致的特征。然而，只要警察一登场，“马车夫”立刻就会威风扫地。再往后，他的理想目标可能会变成医生或者教师，因为教师可以惩罚学生，这在孩子眼里才是真正的强者形象。

儿童总是会选择一些比较具体的目标。研究发现，他们选择的目标往往是其社会兴趣的具体体现。有人曾经问过一个男孩长大以后想干什么，他回答说：“想当一名刽子手。”这就是缺乏社会兴趣的表现，因为男孩想要的是生杀予夺的大权，而能够主宰别人生死的只有上帝。他想超越社会，而这种想法恰恰会让他走向生活的反面。想当医生的愿望同样如此。虽然医生也和上帝一样拥有决定别人生死的权力，然而，这样的目标是通过社会服务的方式实现的。

第二章

自卑情结

在个体心理学中，用“有意识”和“无意识”给区别性因素贴上标签是错误的。与人们固有的想法不同的是，有意识和无意识不是相互矛盾的，而是顺向而动的，而且二者之间没有明确的界线。我们的目的仅仅是去弄清二者顺向而动的意义。在没有弄清二者的联系之前，很难判断什么是有意识，什么是无意识。而所谓的联系，就体现在作为生活风格的原型当中，这一点在上一章里已经说得清清楚楚了。

一个案例足以说明有意识和无意识之间的密切联系。一名四十岁的已婚男子患上了一种焦虑症：他总想从窗户里跳下去。他的内心时时刻刻都在挣扎，除此之外，一切正常。这名男子拥有体面的工作、幸福的婚姻和心照神交的朋友。这个案例非常复杂，只有用有意识和无意识的共同作用方可解释。在意识深处，他觉得自己必须从窗户里跳下去。然而，生活照常，他从来没有进行过真正的尝试。究其原因，那是因为他的生活其实还有另外一面。在这里，强烈的求生欲望与自杀欲望进行着殊死的斗争。结果，在有意识与无意识的共同作用下，他终于胜利了。实际上，在他的“生活风格”中（这一点将在后面的章节里详细讨论），他变成了一个优越感爆棚的征服者。也许，读者会问：一个在意识深处总想自杀的人怎么会有优越感呢？答案是：在他身上有着与自杀倾向斗争的某些东西。因为他胜利了，所以，他成了征服者，成了“超人”。客观地讲，正是因为他自身有弱点，才激发了他对优越感的向往。实际上，所有对自身某些方面感到自卑的人都会做出同样的事情。重要的是，在他的内心斗争中，他对优越感的向往、对生存的欲望以及对征服的渴望战胜了自卑感和自杀欲望，尽管后者表现在意识深处，前者存在于无意识之中。

现在，来看看这名男子的原型发展是否证实了我们的理论。让我们分析一下他的童年记忆。我们知道，他早年在学校里遇到过麻烦。他不喜欢其他男孩，总想逃避，但最终还是鼓起勇气留了下来，直面他们。在此，我们看到了他为克服自身弱点而做出的努力。他勇敢地面对自己的问题，并成功克服了。

分析了这位患者的性格，我们发现，他人生中的一大目标就是克服自己的恐惧感和焦虑感。为此，他的意识和无意识相互配合，形成一个整体。如果不从整体上来看待这名患者，都很难发现他的优越之处和成功之处，人们大概只会把他看成是一个野心勃勃的人，一个骨子里胆小怕事却敢于斗争的人。然而，这种看法显然是错误的，因为它并没有从整体出发，并没有把所有因素都考虑在内。如果不能把个人作为整体来看，那么，任何心理学常识都是毫无用处的，而且我们对个体的理解或者为理解个体而做的一切努力也都是徒劳无益的。如果不能把有意识和无意识联系起来，也就无法把生活作为一个整体来看待。

除了将个体生活看成一个整体以外，还要考虑其社会关系。初生婴儿非常脆弱，需要照料。因此，要想了解孩子的生活特点或生活模式，就必须把其监护人考虑进来。孩子与母亲及家人的关系是一种连锁关系。如果单纯分析孩子的身体情况及周围环境，对这种连锁关系是无论如何也无法理解的。儿童的个性超越了身体特征，涉及整个社会关系。

孩子如此，成人也不例外。孩子的弱点决定了他必须生活在家庭当中，而成人的弱点也决定了他必须生活在社会当中。在某些情况下，每个人都会感到力不从心。生活中的困难压得他们喘不过气来，无法独自面对。因此，成人世界里人们往往会成立社团，让自己成为社团中的一员，而不再是“孤魂野鬼”。社会生活对个体来说无疑是非常有益的，它能很好地克服个体的无力感和自卑感。众所周知，在动物界里，弱势物种总是群居在一起，从而利用群体的力量来满足个体的需求。比如，成群的水牛就能免受狼群的攻击，而一头水牛则难以招架。如果水牛集结成群，就可以群策群力、扬蹄反击，直到危险远去。另外，猩猩、狮子、老虎之所以可以离群索居，是大自然赋予了它们自我保护的能力。但是人类没有锋利的爪子和牙齿，没有动物般的力量，因此只能过着群居的生活。可见，社会生活的源头恰恰是个体能力的欠缺。

正因如此，不能期望社群中的每个人都拥有同样的天赋和能力。然而，一个结构合理的社会会随时对其成员伸出援手。这一点必须先牢记，否则，就会误入歧途，也就是仅凭遗传或天赋去对一个人进行判断。事实上，独处中的个体会发现自己在能力方面存在着这样或那样的缺陷。然而，在一个结构合理的社会里，他的这些缺陷都会得到很好的弥补。

假设每个人的不足都是先天的。于是，教会人们和谐相处、减少先天不足对个体造成的影响便成为心理学追求的目标。社会进步史讲述的就是人类同心合力克服自身缺陷和不足的故事。众所周知，语言是一项社会发明。然而，很少有人知道，这项发明源自个体能力方面的不足。这一点可以从儿童早期的行为中看得一清二楚。当儿童的需求没有得到满足时，他们就会发出某种声音以期引起注意。如果他们不想引起注意，就不会尝试开口说话。这一点在出生刚几个月的婴儿身上表现得淋漓尽致，因为母亲总是在婴儿开口之前就能满足他的所有需求。根据儿童病例记录，有的孩子到了六岁时还不会说话。理由很简单，没有开口的必要。还有一个案例也充分地证明了这一点。该案中，孩子的父母都是聋哑人。每当孩子摔伤时，都会哭泣。但是他哭得无声无息。他知道，有声音父母也听不见，因此他只是做出哭的样子以此引起父母的注意。

由此可见，研究任何问题都要考虑大的社会背景，并以此来理解个体选择某个具体的“优越目标”的原因。要想了解个体“适应不良”现象，同样也离不开对社会环境的研究。很多人难以适应社会，主要原因是无法用语言与他人进行正常交流。口吃就是一个典型的例子。通过对口吃者的观察，我们发现，口吃者自始至终就没能很好地适应社会。他不愿意参加聚会，也不想结交朋友。虽然语言发展得益于与他人的交流，但是他从来不想交流，结果，他的口吃就一直没有得到改善。摆在口吃者面前的只有两条路：要么与人交流，要么自我封闭。

研究发现，自闭型的成年人往往害怕在公共场合讲话，而且还会怯场，这是因为他们把观众当成了敌人。面对表面上不太友好且气场很大的观众时，他们的自卑感就会油然而生。事实上，一个人只有相信自己，相信观众，才能表达自如，才不会怯场。

于是，自卑感和社会训练就产生了联系。由于自卑感源于社会适应不良，因此，社会训练就成了克服自卑感的基本方法。

社会训练与公共意识是息息相关的。每当人们谈到用公共意识解决问题时，指的就是群体智慧。另外，正如我们在上一章里所提到的，有些人总是用自己的语言、按自己的逻辑来行事，这些人的言谈举止往往异于常人。精神病人、神经症患者以及罪犯都属于这一类型。研究表明，有些事物，如人、风俗、社会规范等，对他们来说毫无意义，因而没有任何吸引力。然而，正是这些他们漠视的东西才会引导他们踏上自我拯救之路。

在帮助这类人时，我们的工作就是要让他们对社会现实产生兴趣。神经质的人认为，只要出发点是好的，一切就万事大吉了。可是，光有善意还是不够的，必须让他们明白，现实社会看重的是他们的实际付出和实际成就。

虽然有自卑感和追求卓越是普遍行为，但是如果因此就认为“人人平等”那就大错特错了。自卑感和优越感是支配人们行为的一般条件，除此之外，在体力、健康和环境等方面也都存在着差异。因此，即便条件相同，不同的个体也会犯下不同的错误。观察一下孩子的行为，就会发现，对于同样的问题，并不存在绝对固定、绝对正确的回应方式。事实上，每个孩子都会按自己特有的方式做出反应。虽然大家都在努力追求更好的生活品质，但是所采取的方式却大相径庭。每个人犯下的错误迥然不同，同时，也以迥然不同的方式走近成功。

现在，我们来分析一下几种不同的个体类型。以左撇子儿童为例。有些孩子也许永远都不会知道自己天生是个左撇子，因为他们从小就接受严格的右手训练。开始使用右手时，由于动作笨拙，他们常常受到责骂、批评和嘲笑。嘲笑是不对的。可话又说回来，两只手都应该接受训练。左撇子儿童一开始就能被人辨别出来，因为他们左手要比右手用得多。长大以后，他们也许会觉得自己的右手是个负担，因为右手不够灵活。另外，他们往往更喜欢使用右手和右臂，突出地表现在用右手画画、写字等。事实上，这样的孩子往往会比普通孩子得到更好的训练。这一点也不奇怪，因为他们不得不逼着自己对用右手提起兴趣，不得不早起，自身的缺陷反而成就了自己，使自己得到了更好的训练，而这对于发展孩子的艺术天赋和能力非常有利。这样的孩子往往雄心勃勃，会想方设法克服自身的缺陷。但是有时如果不是一帆风顺，他们就会转而羡慕甚至忌妒别人。这样，自卑感会越发强烈，克服起来会愈加困难。如果孩子一直处于奋斗之中，就会变得争强好胜，长大以后也无法停歇，因为在他们的脑海里早已有了固定的想法，那就是，我本不该如此笨拙，缺陷也不该如此之多。如此一来，这样的孩子会负担更重，活得更累。

孩子按照自己四五岁时形成的原型努力，犯错，成长。孩子不同，目标各异。有的孩子也许想成为画家，有的孩子也许希望尽快摆脱这个格格不入的世界。成年人也许知道他们该如何克服自己的缺陷，但孩子们本人并不知道，而且用不了多久就会发现，成年人对事实的讲解诠释根本就是错误的。

很多孩子的眼睛、耳朵、肺或胃有问题，而这些缺陷往往最能引起他们的兴趣。下面给大家举一个特殊的例子。有一名患有哮喘病的男子，每天晚上，当他离开办公室回到家里时就会发病。该男子四十五岁，已婚，工作不错。当有人问他为什么总在回家以后发病时，他回答道："要知道，我妻子是一个物质至上的人，而我却是一个理想主义者。所以，我们两个很难说到一块。每次回到家后，我都想静静地待着，而她却想出去交际。所以，她就会抱怨，说待在家里闷得慌。结果，我脾气上来了，气儿却上不来了。”

这名男子为什么会呼吸困难？难道他不会呕吐吗？原因就是，他不想违背自己的原型。也许小的时候，因为某个缺陷，他被包了起来。由于包得太紧，影响了呼吸，让他十分难受。但是那时，有一个保姆非常疼爱他，总是坐在他身旁安慰他。她把所有心思都放到了他的身上，全然忘记了自己的存在。这让他产生了一种错觉，误以为全世界的人都会去安慰他、逗他开心。十二岁那年，保姆离开了，回家结婚。他把她送到火车站，一路上哭得很伤心。保姆走了之后，他对母亲说：“她走了，这个世界对我来说也就没有什么意义了。”

因此，如同在原型期一样，这名男子成年以后总想找到一个可以依附的理想人选。这个人会取悦他、安慰他，并且只对他一个人感兴趣。所以，导致他哮喘发作的原因并非是空气不足，而是缺一个时时刻刻取悦他、安慰他的人。当然，要想找到这样一个人并非易事。他总想控制整个局面。而且一旦成功了，必会给他带来益处。所以，当他喘不上气的时候，他的妻子就不再想去剧院了，不再出去交际了。这样，他也就实现了自己的“优越目标”。

表面上看，这名男子总是举止得体、无可非议，其实，他的内心却充满了征服欲。他想要改变自己的妻子，让她放弃物欲，成为一名理想主义者。所以，像他这样的人，我们不得不怀疑他们是否真的是表里如一。

我们常常发现，视力有问题的孩子总是对视觉事物兴趣有加，他们也因此在这方面培养出超常的能力。众所周知，伟大的诗人古斯塔夫·弗雷塔格[①]患有弱视和散光，但是他取得的成就却引人注目。很多诗人和画家视力都有缺陷，这反而激发了他们在视觉方面更大的兴趣。弗雷塔格在谈到自己时曾经这样说道：“因为我的眼睛跟别人的不一样，所以，只好训练使用自己的想象力。不知道是不是因为这个我才成为一名作家，但无论

---

① 古斯塔夫·弗赖塔格（1816年7月13日—1895年4月30日）德国小说家、剧作家。1855年古斯塔夫·弗赖塔格发表了他的小说《借方和贷方》（*Soll und Haben*），这一作品成为那个时代的代表作，1857年被翻译成英文《*Debit and Haben*》。

如何，正是因为视力问题，我在幻想世界里看到的东西比视力正常的人在现实世界中看到的东西多得多，也清楚得多。”

稍微考察一下天才的特性，就会发现，很多天才都视力不佳，或有别的缺陷。在各种历史记载中，可以看到，即便是神灵也往往有这样那样的缺陷，不是单眼失明，就是双眼失明。事实上，有些天才，哪怕是几近失明，也比常人更善于辨别线条、阴影和色彩间的差异。这充分说明，在明白了弱视儿童的问题之后，我们就应该知道如何对待他们。

有些人对食物很感兴趣，无时无刻不在谈论自己能吃什么、不能吃什么。一般而言，这些人在儿时都有过进食障碍，因而对食物产生了更大的兴趣。也许小的时候，他们都有一位特别细心的妈妈，时不时地告诉他们什么能吃、什么不能吃。由于肠胃问题，他们不得不接受一些特殊训练，久而久之，对一日三餐产生了浓厚的兴趣。由于他们总是在思考饮食问题，所以，其中的一些人便成了烹饪高手或者营养专家。

不过，有时，肠胃功能欠缺会促使他们在别的方面寻求补偿，比如金钱。结果，有人成了大守财奴，有人成了大银行家。他们会想方设法拼命挣钱，夜以继日，乐此不疲。由于他们对此过于用心，因而便成了行业翘楚。有趣的是，我们常常听说，有钱人肠胃不好。

至此，让我们提醒自己思考一下身心之间的关系吧。某一特定的缺陷不见得总是导致相同的后果，生理缺陷与糟糕的生活习惯之间也没有必然的因果关系。生理缺陷可以通过合理的营养和妥善的治疗来弥补。所以，导致不良后果的往往不是生理缺陷本身，而是患者对待缺陷的态度。因此，在个体心理学家的眼里，不存在纯粹的生理缺陷或绝对的因果关系，有的只是患者对于生理问题所持的错误态度。这也正是个体心理学家总是鼓励个体在原型形成期与自卑感抗争的原因。

有时，我们看到一个人焦躁不安，那是因为他巴不得困难在眼前即刻消失。如果一个人总是心神不宁、脾气暴躁或情绪失常，那么，完全可以断定，此人有着很强的自卑感。任何人，只要相信自己能战胜困难，都不会焦躁，况且，急躁本身并不能解决问题。傲慢、急躁、争强好胜，这些也都是孩子自卑的体现。对此，教育者要做到及时帮他们发现困难，找到原因，对症下药。与此同时，绝不能对原型生活风格中存在的错误任意批评或随意惩罚。

儿童的原型特征可以通过很多途径加以辨别，如特殊的爱好、逞强好胜、不甘平庸，等等。有这样一类人，他们对自己的言谈举止很不自信，因此总想离群索居。他们不敢面对新的环境，总想待在自己熟悉的小圈子里，无论在学校、家庭生活、社会中还是个人婚姻方面，都是如此。他们总想在自己狭小的领域内闯出一片天地，进而实现自己的优越目标。这一点在很多人身上都暴露无遗。然而，这些人都忽视了重要的一点，那就是，任何人，要想成功，都必须准备面对一切，都必须能够应对各种局面。如果有意回避某些环境或某些人员，无异于自己给自己打分，自己给自己颁奖，这是远远不够的。一个人要想成功，必须要有公共意识，必须不断接触社会，不断接触新生事物。

一位哲学家要想完成自己的著作，就不能频频现身饭局。他需要长时间地独处，找到正确的方法，整理自己的思想。但是，此后必须频频接触社会，才能继续成长，因为接触社会非常重要。所以遇到这类人时，千万不能忘了他们的这两种需求。同时也要记得，他们的一言一行并非都是有益的。因此必须仔细辨别，哪些是有益行为，哪些是无用行为。

人类社会的发展离不开这样一个关键的事实，那就是，人们总是在寻找能够突出自己或彰显自己的环境。所以，自卑感很严重的孩子总是躲着能力很强的孩子。他们愿意跟不如自己的孩子在一起玩耍，这样就可以颐指气使发号施令了。这是自卑感的一种变态反应，也是一种病状。要知道，自卑本身并不重要，重要的是自卑的严重程度及其表现形式。

这种变态的自卑感被称为“自卑情结”。但是对于渗透到整个人格中的自卑感来说，“情结”二字并非一个准确的字眼儿。它不光是一种情结，更像是一种疾病，其危害程度因情况不同而不同。因此，有时一个人在工作期间不会表现出自卑情绪，因为他对自己的工作了如指掌。然而，在社交场合或与异性接触时，就会变得手足无措、如坐针毡。所以，只有把两者结合起来，才有望洞察其真实的心理状况。

我们发现，人在紧张或者困难的情况下更容易出错，而恰恰是在这样的环境中原型才会露出真面目来。事实上，困难的环境几乎都是陌生的环境。这就是为什么我们在第一章中明确指出，个体的社会兴趣程度完全可以通过其在陌生环境中的表现加以判断。

假设把孩子送到学校。通过观察孩子在学校里的表现，就可以了解他在真实生活中的社会兴趣。观察一下他是否合群。对于那些过于活跃、过于狡猾或过于聪明的孩子，我们必须设法走入他们的内心世界，找到背后的真正原因。而对于处处被动、优柔寡断的孩子，我们就要睁大眼睛，寻找其日后在社会、生活和婚姻中将要表现出来的同样的特征。

生活中，常常能遇到这样的人。他们会说："换了我，会这么干""换了我，会接受那份工作的""我本想和那个男人交交手……可是……”所有这些都表明他有着强烈的自卑感。事实上，按这个思路去理解，就会对他的某些特点有新的认识，比如狐疑不决。我们发现，生性多疑的人总是疑神疑鬼，最终往往一事无成。然而，那些总是把“我才不会那么样做”挂在嘴边的人反倒会是不折不扣的行动派。

通过仔细观察，心理学家往往会在人的身上发现种种矛盾之处。这种矛盾也许就是自卑的体现。我们还必须观察这个问题人物的言谈举止，观察他在与人相处时是否得体，在待人接物时是否犹豫，是否还伴随着某些肢体语言。这种患得患失的态度经常会在其他生活场景中表现出来。很多人都是这样，进一步，退一步，而这正是强烈自卑感的标志。

我们的整个工作就是要训练这类人物摆脱犹豫不决的态度。正确的方法是及时鼓励，而非打击。要让他们明白，自己有能力面对困难、解决困难。这是树立自信心的不二法门，也是治疗自卑的唯一方式。

第三章

优越情结

在上一章里，我们讨论了自卑情结与人人都在努力克服的自卑感之间的关系。现在，我们要转向一个相反的话题——优越情结。

我们已经清楚地看到个体生活中的每一个症状是如何在行为和发展中体现出来的。因此，可以说这些症状既有过去，也有未来。所谓过去，则代表着我们一直努力克服的自卑与不足的状态；所谓未来，是与我们的奋斗目标紧密相连的。这就是为什么在谈论自卑情结时，我们关注的是它的起源，而在谈论优越情结时，我们关注更多的是它的连续性以及行为本身的发展进程。此外，这两种情结之间有着天然的联系。所以，如果在与自卑情结有关的案例后面或多或少地发现了优越情结的影子，完全没必要感到惊讶。另外，在探讨优越情结、研究其连续性时，也总能发现自卑情结的影子。

当然，我们必须牢记，在“自卑”和“优越”后面加上“情结”二字，只是要代表自卑与超越的夸张状态。如果我们按这个角度来看待问题，那么就不难发现，自卑情结与优越情结不再是一对明显的矛盾了，因为它们可以同时出现在一个人身上。显然，作为正常情绪，追求优越与感到自卑天生就是互补的。假如我们对自己的现状非常满意，就不会去追求优越，就不会去期盼成功了。既然所谓的“情结”是从自然情绪中衍生出来的，那么，像自然情绪一样，两种情结也可以共存共生。

人类对优越的追求从未停止过。事实上，正是这种追求构成了个体的思想和精神。正如前面说过的那样，生活就是要实现某种目标或达到某种状态，恰恰是对优越的追求才促使我们把抽象的目标化为具体的行动。它就像一条小溪，顺势带走沿途的一切。有些孩子偎慵懒惰、偷闲躲静，一天到晚，无精打采。看到他们，你会觉得这些孩子死气沉沉、毫无生机。可是，即便如此，他们身上仍然洋溢着一种渴望优越的气息。他们会说："要是我勤快一点儿，也许会成为总统。"可以这么说，在一定的条件下，他们也在努力，也在奋斗，他们自视甚高。在他们看来，如果条件允许，绝对能够有所建树。当然，这不是真的，这只是幻想而已。可是，我们都知道，人类往往会沉湎于幻想，难以自拔。这对于缺乏勇气的人来说，尤其如此，这是因为他们总是生活在幻想的世界里。他们自知能力有限，于是选择绕道而行，回避矛盾，逃避困难。因为躲避，无须直面问题，因此，他们显得非常强大、非常聪明。

我们发现，一些饱受优越感之苦的孩子开始偷窃。他们相信自己可以谩天昧地、瞒天过海。这样，无须多大努力，便可以更加富有。这种心理在罪犯中非常明显，他们都视自己为神通广大、无所不能的大英雄。

我们已经从另一个角度探讨了这种特性。这是一种"私人智慧"，而不是"社会共识"或"社会情感"。杀人犯也许觉得自己是个英雄，但这只是他的个人看法而已，通过犯罪来逃避生活中的问题只能说明他缺乏勇气。由此可见，犯罪是优越感的产物，而非“人之初，性本恶”的结果。

类似的症状也出现在神经症患者的身上。例如，由于前一天晚上失眠，第二天无力完成本职工作。这时，他们会觉得公司不会要求他们去继续完成无法胜任的工作。他们会抱怨说：“要是睡眠正常的话，哪有我干不了的事？！”

同样的情况也发生在郁郁寡欢的焦虑症患者身上，焦虑症让他们变得飞扬跋扈。事实上，他们是在利用自己的病症控制他人，因为他们一时一刻也离不开人，随时随地都要有人陪伴，而那些陪伴他们的人只能根据他们的要求来安排自己的生活。

抑郁症患者和精神错乱的人往往会成为家庭关注的焦点。在他们身上，我们看到了自卑情结的威力。他们会抱怨说，自己身体虚弱，体重在天天下降，等等。然而，事实上，他们才是真正的强者，因为他们主宰着健康人的生活。这没有什么好惊讶的，因为在我们的文化中，弱点可以成为一种强大的力量。扪心自问一下：在我们的文化中，谁才是真正的强者？毫无疑问，正确答案是婴儿，因为婴儿才是真正的统帅，是真正的王者。

现在，让我们看看优越情结与自卑情结之间的关系。就拿一个有优越情结的问题儿童来说吧。这个孩子傲慢无礼、争强好胜，总想伪装成强大的样子。我们都知道，脾气暴躁的孩子总想通过突然发作来控制别人。那么，问题来了。他们为什么会如此烦躁呢？原因是，他们不知道自己是否真的能够达到目标。他们都感到自卑。争强好胜、咄咄逼人的孩子通常都有自卑情结，都想努力去克服，仿佛踮起脚跟就能使自己显得高大，并能轻易获得成功、骄傲和优越感。

我们必须找到针对这些孩子的治疗方法。他们之所以会这样，是因为他们看不到生活的连贯性，看不到事物的自然规律。我们不应该去责备他们，事实上，他们也不愿意看到这一幕。如果你去责问，他们就会说，自己从来没有感到自卑。相反，他们觉得自己方方面面都比别人强。因此，我们必须以友好的方式阐述我们的观点，并逐渐让他们明白理解。

爱炫耀的人内心一定很自卑，因为他们觉得在有益的事情上无法与他人竞争，所以，只能选择做一些无益的事情。他们无法与社会和谐共处，不知道如何解决社会问题，就像鱼儿离开了水一样。因此我们发现，在童年时期他们总是跟自己的父母叫板，和自己的老师较劲。遇到这样的情况，我们必须理解孩子的处境，同时，也要设法让孩子理解自己的处境。

自卑情结与优越情结也会同时出现在神经症患者身上。这类患者常常强调自己的优越情结，根本看不到自己的自卑情结。

我们发现，那些不带光环的孩子都有自卑情结，并且会千方百计去寻求优越感。事实上，只要他们能在关注自己的同时也关注他人，就能圆满地解决生活中出现的问题。然而，如果自卑情结过重，他们就会觉得自己生活在一个充满敌意的社会里，于是，只关心自己的利益，把别人都当成空气，缺乏足够的社会情感。这样的心态无益于解决其面临的任何社会问题。所以，为了寻求解脱，他们便转向了生活中无益的一面。我们知道，这种不去解决问题、只求别人帮助的做法看似是一种解脱，实际上并非如此。他们就像乞丐一样，靠别人的施舍度日，利用自己的软弱来换取神经质般的安适。

任何人，孩子也好、成年人也罢，在感到软弱的时候，都会对社会失去兴趣，转而去追求优越感。这就是人性。他们希望在抛开社会兴趣的前提下获得个体优越感，以此来解决生活问题。其实只要个体把追求优越感与社会兴趣结合起来，就会关注生活中有益的一面，就能有所成就。相反，如果他们缺乏社会兴趣，就没有办法为解决自己的生活问题做好充分的准备。正如前面所说，这类人群包括问题儿童、精神错乱者、罪犯等。

有一个强迫症案例非常能说明问题。患者是一个年轻女孩，跟香艳迷人、备受尊重的姐姐关系密切。这一点一开始显得非常重要，因为在一个家庭中，如果一名成员非常优秀，那么其他成员都会遭殃。无论这个厉害角色是父亲、母亲，还是某个孩子，都是如此。其他成员会因此面临一种艰难的处境，有时还会觉得难以忍受。

上面提到的那个女孩就是在一个不利的环境中长大的，所以她总是觉得自己处处受到限制。如果她对社会稍感兴趣，如果她像我们一样明白事理，结果就会完全不一样了。开始，她学习音乐，并想成为一名音乐家。可是，每当她想起优秀的姐姐，就会自卑，就会紧张，结果也就学不下去了。在她二十岁那年，姐姐结婚了。于是，她就想在婚姻方面与姐姐决一胜负，比个高下。就这样，她越陷越深，离健康有益的生活越来越远。她觉得自己是一个很坏很坏的女孩，拥有把人送进地狱的魔力。

我们可以把这种魔力看成是一种优越感。然而，她却在一旁抱怨，就像我们常常听有钱人说钱多了是多么不幸一样。她不仅觉得自己拥有把人送进地狱的魔力，而且有时还会觉得自己可以成为他们的救星。当然，这两种想法都是十分荒唐的。不过，通过这种幻想，她相信自己拥有了非凡的力量，完全超过了优秀的姐姐。事实上，也只有通过这种把戏她才能胜过姐姐。于是，她开始“卖乖”，抱怨自己拥有这种神奇的力量。而且越是抱怨，越觉得是真的。当然，如果她反过来嘲笑自己的这种能力，那一切就显得十分可疑了。只有通过抱怨，她才会对自己的命运感到满意。由此可见，优越情结有时是隐性的，是看不见的。但是，作为对自卑情结的补偿，它确确实实是存在的。

现在来谈谈那位备受宠爱的姐姐吧。她一度是家里的独苗，娇生惯养，是家里的焦点人物。三年后，妹妹降生了，局面彻底改变了。以前，她一直是形单影只，是众人瞩目的焦点。如今，她的中心地位彻底动摇了。于是，她开始变得争强好斗。然而，她争斗的对象都是比自己弱小的孩子。好斗的孩子未必真的勇敢，因为他们只同弱者争斗。事实上，如果一个孩子身边全是强者，他会变得急躁，甚至抑郁，而不是好斗，因而也就不受家人待见了。

在这种情况下，姐姐感到失宠了，家人态度的转变也让她确信了这一点。她开始仇视自己的母亲，因为是她把妹妹带到了家里。至此，姐姐对母亲的“攻击”就不难理解了。

另外，像所有婴儿一样，襁褓中的妹妹必须得到细心照料，甚至惯养。这样，她轻而易举就获得了家里的中心地位，慢慢成为一个非常温柔、非常可爱的宠儿，成为家里的焦点人物。有时，温顺作为一种美德也是战无不胜、攻无不克的。

现在，我们来看看可爱、温柔和善良是否属于生活中有益的一面。我们不妨这样去想：妹妹之所以温顺，完全是她备受宠爱的结果。然而，我们的文化却并不偏爱被惯坏的孩子。有时父亲会意识到这一点并及时刹车，有时学校来充当这一角色。受宠的孩子永远都有危机感，因而也就有了自卑感。如果他们一直处在有利的环境之中，就不会有自卑感。可是环境一旦发生改变，他们要么抑郁，要么崩溃，甚至会产生自卑情结。

优越情结与自卑情结有一个共同之处，就是它们都站在生活中无益的一面。一个充满优越情结的傲慢无礼的孩子永远不会站在生活中有益的一面。

被宠坏了的孩子入学之后，原有的优越条件便不复存在了。从那时起，他们开始变得优柔寡断，做起事来总是有始无终。前面提到的那个妹妹就是如此。她学过缝纫、钢琴等，但是没过多长时间就都放弃了。与此同时，她对社会失去了兴趣，足不出户，郁郁寡欢，自觉在性格随和的姐姐面前风光全无。优柔寡断的态度使她变得更加软弱，性格也因此变得更差。

长大以后，她在工作中也是犹豫不决、虎头蛇尾，在恋爱和婚姻中也是心猿意马，尽管她一心想在这方面超过姐姐。三十岁时，她遇到了一位患有肺结核的男子。可想而知，她的父母是断然不会同意她的选择的。尽管她自己仍未放弃，但是父母的反对将他们拒之婚礼殿堂门外。一年后，她嫁给了一个比她大三十五岁的男人。这样的男人根本算不上男人，这桩婚姻自然也就毫无意义了。所以，选择比自己大很多或者根本不适合结婚的人（如已婚男女）作为自己的终身伴侣也是自卑的一种表现。一旦遇到阻力，他们就会表现出懦弱的一面。这个女孩没有在正常的婚姻中找到自己的优越感，于是，就独辟蹊径、剑走偏锋了。

她坚持认为世界上最重要的事情就是责任。她养成了不断洗手的习惯。一旦手碰到了什么人或什么物，她就马上去冲洗。正因如此，她备受孤立。事实上，她的手比谁的都脏。原因很明显：由于频繁清洗，她的手变得非常粗糙，因而上面沾满了污垢。

这一切看上去与自卑感无异。但是她却坚称自己是世界上唯一干净的人，并因此批评别人不勤洗手。她就像哑剧演员一样，一直生活在舞台上。她总想超越他人，现在终于以这种方法达到了目的，成了世界上最"干净"的人。就这样，她的自卑情结变成了十分明显的优越情结。

同样的现象出现在妄自尊大的人身上，他们自以为是皇帝天子或耶稣基督。这样的人总是站在生活中无益的一面，总是活在自己虚构的角色里，与外界脱离。追溯他的过去，不难发现，曾几何时他非常自卑，因而便一门心思去寻求毫无价值的优越情结。

还有一个案例。患者是一名十五岁的男孩，因为出现幻觉被送入精神病院。那时，战争还未爆发，他却说奥地利皇帝驾崩了。这当然不是真的。不过，他却坚

称皇帝托梦给他，让他率领奥地利军队继续奋战。关键是，他本人却是个三寸钉、小不点儿。有人把报纸拿来，告诉他国王正待在城堡里或正驾车出巡，可他怎么也不相信。他始终认为国王已经死了，并且托梦给他。

当时，个体心理学正在研究睡眠姿势与自卑感或优越感的关系。这个信息来得很及时、很有用。有人睡觉时像刺猬一样缩成一团，用东西蒙着脑袋，这是自卑情结的表现。谁会相信这样的人是勇敢的人？如果看到一个人高大魁梧，谁会认为他在生活中是个懦夫？无论是从外表来看，还是从内心来看，他都散发着一股英气，哪怕睡着了也是如此。观察表明，趴着睡觉的人一般都比较固执，而且争强好胜。

为了发现男孩清醒时的行为与睡觉姿势之间的关系，我们对他进行了详细的观察。结果发现，他睡觉时像拿破仑一样，喜欢双臂交叉放在胸前。拿破仑双臂交叉睡觉的图片我们都看过。第二天，我们问男孩："这个姿势能不能让你想起什么人来？"他回答说："能，我的老师。"这个答案让我们困惑良久，直到我们意识到他的老师也许跟拿破仑十分相像。事实上，的确如此。此外，男孩很喜欢自己的老师，并希望自己长大以后能成为一名像他一样的老师。可是由于无力承担他的学费，他的家人把他送到了一家餐馆打工。在那里，他因为个子矮小常常受到客人的奚落。他心里十分难受，试图逃离这种屈辱的感觉，但最终却逃到了生活中无益的一面。

发生在男孩身上的一切我们都能理解。一开始，他因身材矮小遭人嘲笑，产生了自卑情结。但是，他一直都在努力，试图寻求优越感。具体而言，他想成为一名老师。然而，当这条路被堵死之后，他便绕道进入了生活中无益的一面，并在那里找到了另一种优越感，那就是睡梦里。在睡梦里，他出类拔萃。

可见，对优越感的追求既可以是有益的，也可以是无益的。比如，一个人很善良，这就意味着他要么善于社交乐于助人，要么只是王婆卖瓜自卖自夸。心理学家经常会遇到一些夸夸其谈的人。例如，有一个小男孩，学习成绩很差，常常逃学，甚至偷盗。尽管如此，他总是自我吹嘘。之所以会这样，完全是自卑情结。只要能够“成功”，他就可以不择手段。这就是所谓的“廉价的虚荣”。因此，他开始偷钱，并且用偷来的钱给妓女买花买礼物。有一天，他开车来到一个很远的小镇。在那里，他雇了一辆由六匹马拉的马车，在镇子上兜风，出尽了风头，直到最后被抓捕归案。所有这一切都是为了鹤立鸡群或出人头地。

罪犯身上也有着同样的特点，喜欢“弯道超车”。这一点，前面也曾讨论过。前不久，纽约各大报纸都报道了这样一则新闻：说的是一名夜贼闯入教师家里，跟她们高谈阔论。小偷跟这些教师说，她们根本不知道老老实实上班有多难，上班不如当小偷。这个小偷就是在逃避的过程中逐渐陷入了生活中无益的一面，并因此获得了优越感。他觉得自己比教师厉害，尤其是在他全副武装而教师却手无寸铁的时候。可他是否意识到自己其实就是个懦夫？至少我们知道。为了逃避自卑情结，他走向了生活的反面。尽管如此，他却坚称自己是个英雄，矢口否认自己是个懦夫。

也有人选择自杀来摆脱生活的烦恼。他们似乎毫不在乎生命的价值，并为此感到高人一等。这才是懦夫的所作所为。我们认为，优越情结属于第二阶段，是对自卑情结的补偿。我们必须不断寻找二者之间的有机联系。这种联系看似矛盾，实则非常符合人性。这一点前面也提到过。只有这样，才能正确地看待自卑情结和优越情结。

说到自卑情结和优越情结，就不能不提它们与正常个体之间的关系。正如我们所说，每个人都有自卑情结。然而，自卑情结非但不是一种疾病，反而是激励人们奋发向上的动力。只有当这种感觉将个体压垮、使之消沉、阻碍其发展时，才变成一种病理现象。自卑的人往往借助优越情结逃避现实。他假设自己非常优越，并通过这种虚假的成功来补偿其原本无法承受的自卑心理。正常人是没有优越情结的，他甚至从来都没有优越感。不过，他仍然会积极努力，超越别人，取得成功。只要这种努力是表现在工作之中，就不会导致错误的价值观，而错误的价值观正是导致心理疾病的真正原因。

第四章

分析生活风格的成因

仔细观察山谷里的松树，不难发现，它与山顶上的松树是截然不同的。虽然都是松树，但生长风格各异。也就是说，长在谷底和长在山顶上的松树风格是不一样的。树的生长风格就是树的个性，环境不同，个性不同。当把它置于一个和我们预期迥异的环境中进行审视时，就有了不同的风格。事实证明，每一棵树都有自己的生长模式，而不仅仅是对环境的机械反应。

树如此，人也一样。特定的生活环境衍生出特定的生活风格。由于人的意识会随环境的变化而变化，所以我们要做的就是去分析生活风格与现实环境之间的确切关系。人在顺境中生活，风格差异并不明显，只有在充满困难的陌生环境中，个体的生活风格才会清晰起来。处在顺境中的个体的生活风格，也许只有训练有素的心理学家才能发现。而如果个体是处在困境之中，即便是没有心理学背景的人也能够清楚地看到他们的生活风格。

生活不是游戏，生活的道路上荆棘密布。个体深陷困境的情形比比皆是，而我们所要研究的正是个体在这样的环境中所表现出来的独特行为与性格特征。前面已经说过，生活风格是一个统一体，它源于个体早期生活中所遇到的困难以及为实现目标所付出的努力。

不过，我们的兴趣不在过去，而在未来。而要了解一个人的未来，就得先了解他的生活风格。否则，即便知道本能、刺激、驱力等概念，也无法预测未来。的确，有些心理学家试图通过本能、印象或创伤等得出结论。但是，深入研究表明，所有这些都源于某种连续的生活风格。无论何种刺激，都只能起到固化生活风格的作用。

如何将“生活风格”这一概念同前面讨论过的内容联系起来呢？我们知道，有生理缺陷的人由于生活困难而没有安全感，会产生自卑感或自卑情结。但是，人们不可能永远忍受这种状况，自卑感会刺激他们去采取行动，于是就有了目标。在个体心理学里，这种指向特定目标的持续行为叫作“生活计划”。然而，由于这种说法有时会让学生产生误解，于是，我们将其改为“生活风格”，也就是独特的生活境遇造成的独特的行为习惯。

因为每个人都有自己的生活风格，因此，通过简单的对话和提问就可以预测他的未来。这就和看戏一样，只看第五幕，便可解开所有谜团。同样，知道了个体处于生活的哪个阶段、知道了他的困难和问题所在，就能预测他的未来。因此，只要掌握几个事实，就可以预测不合群的孩子、被宠坏了的孩子、依赖别人的孩子或畏首畏尾的孩子未来会如何发展。如果一个人的目标就是寻求他人的帮助，那么日后他又将面临怎样的难题？例如，犹豫不决意味着逃避人生问题。是的，一定会这样，因为类似的情况已经发生过无数次了。我们知道，他不想独自面对人生，只想让人宠着，只想回避人生中的重大问题。他沉湎在毫无意义的事物之中，从来都不思进取，从来都不想积极生活。他缺乏社会兴趣，很可能会成为一个问题儿童、一个神经症患者、一个罪犯，甚至还会选择自杀。目前，我们对上述情况都已经有了比较深入的理解。比如，为了了解一个人的生活风格，可以选择一种常规的生活风格作为衡量的基础，也可以选择社会适应良好的个体作为标准，通过对比，发现异常。

现在，给大家讲讲如何确定正常的生活风格以及如何在此基础上理解个体的错误和异常也许会有帮助。但在开始讨论之前，必须明确一点，那就是，这些研究的目的并不是要把个体分成不同的类型，这是因为每个人的生活风格都是不同的。就像我们无法在同一棵树上找到两片相同的叶子一样，这个世界上也并不存在两个“生活风格”完全相同的人。大自然丰富多彩，其中存在着各种各样的刺激、本能和错误，所以，要想找到两个一模一样的人是绝对不可能的。因此，所谓“类型”，只是帮助我们归纳并理解个体之间相似之处的一种捷径。例如，根据智力水平分类，就能更好地研究各类水平的个体的特征。然而，不能总是按照同样的方法进行分类，分类的宗旨是要能凸显出同类人的相似点。有些人非常迷信类型说。一旦将某人归为某一类型，这一标签就会永远伴其左右，很难更改。

为了说明问题，现在给大家举个例子。当提到社会适应不良这一类型时，我们指的就是那种没有任何社会兴趣、生活枯燥无味的人。这就是对人群进行分类的一种方法，也许是最重要的方法。设想一下这样一个人：他兴趣不广，但把有限的兴趣全都放在了“视觉事物”上。这样的人与把兴趣全都放在了“口头事物”上的人截然不同。但是，他们都是属于社会适应不良的人，很难跟他人建立起同伴关系。因此，分类只是一种提供便利的抽象方法。如果认识不到这一点，就一定会让你感到疑惑不解。

现在，让我们回到“正常人”这个话题上来。正常人是我们衡量变异程度的标准。正常人指的是生活在社会中的个体，他们有着很强的适应能力，有意无意间通过自己的工作造福社会。另外，从心理学的观点来看，正常人拥有足够的力量和勇气去应对生活中出现的种种问题和困难。而精神错乱的人则同时缺乏这两种特质：他们既不能很好地适应社会，也无法通过心理调适轻松应对日常工作。有这样一个案例。患者是一名三十岁的男子，每当遇到问题时，总是在最后一刻充当逃兵。他有一个朋友，但却对对方心存疑虑，因此，所谓的友谊也只能在原地踏步，无疾而终。如果一方总是处于紧张状态，那么友谊就很难得到进一步发展。可以想象，除了许许多多泛泛之交以外，这名男子根本就没有真正的朋友。他既不喜欢交朋友，也不善于交朋友。事实上，他根本就不喜欢社交，所以在社交场合总是沉默不语。在这件事上，他是这样解释的——他说，在社交场合，他的脑子里总是空空的，因此也就没有什么可说的了。

不仅如此，这名男子还非常腼腆，跟人说话时总会一阵阵脸红。结果，原本粉红色的皮肤就变得更红了。其实，如果能够克服羞怯这个毛病，他可以说得很好。所以在这方面，他需要的是帮助，而不是批评。当然，他害羞的时候，表现得很不大方，所以，也不怎么受身边的人待见。他能感受到这一点，于是就更不愿意参与社交、更不愿意开口说话了。也许有人会说，这就是他的生活风格，所以他在社交场合与人接触时格外引人注意。

继社交生活和交际艺术之后，需要讨论的就是工作问题了。患者总是害怕自己能力有限难以胜任某工作，于是，便不分昼夜拼命学习，致使自己劳累过度，最终只好辞职了。

对比一下患者处理前两个问题的方法，就会发现，他总是处于非常紧张的状态。这就意味着他非常自卑。他总是低估自己，总是觉得身边的人和新的环境对自己不太友好。因此，他的一举一动都透露出一种如临大敌的感觉。

至此，我们已经掌握了大量的信息，足以勾勒出这名男子的生活风格。看得出来，他也想破浪前行，可又因害怕失败而裹足不前。他总是六神无主，如临深渊。他很少会放胆前进，在大多数情况下，宁愿待在家里，不想见人。

这名男子面临的第三个问题——也是很多人准备不足的问题——就是婚恋问题。面对异性，他总是犹豫不决。他自己也想恋爱，也想结婚，可是由于过于自卑，没有勇气面对未来，他所有的愿望都难以实现。如果要用什么字眼儿来总结一下他的行为和态度的话，没有什么比“可以……但是……”更合适的了。我们发现，他在不断更换恋爱对象。这种情况常常发生在神经症患者身上，因为从某种意义上说，“一只羊也是赶，两只羊也是放”。

现在，来看看形成这种生活风格的原因吧。个体心理学的任务之一就是分析生活风格的成因。这名男子的生活风格是在四五岁时形成的。那时发生了什么悲剧，让他变成了今天这个样子？所以，我们必须弄清楚这一悲剧到底是什么。可以看出，不知什么让他丧失了对他人的正常兴趣，让他觉得生活不易。因此，对他来说，与其直面困难，不如安于现状。就这样，他变得谨小慎微、迟疑不决，并且千方百计逃避现实。

还有一点不能不提，那就是他是家里的长子。前面我们已经讨论了长子这个位置的重大意义，也指出了长子所面临的主要问题，那就是，他曾经是大家关注的焦点，而现在这个位置却让一个新宠取代了。研究发现，很多人畏首畏尾，害怕往前走，主要原因是他们的生活中出现了更受宠爱的人。所以，就本案例而言，患者的症结不言自明。

在很多情况下，只需问病人一个简单的问题就可以了。那就是：你在家里排老几？知道了这个，就知道了一切。当然，也可以采用另外一种完全不同的方法：询问患者的早期记忆。这一点我们会在下一章里详细讨论。这是一种很有用的方法，因为早期记忆或者早期映像是个体生活风格的重要组成部分。我们把这个叫“原型”。因此，知道了一个人的早期记忆，就等于知道了他的部分原型。回顾过去，每个人都能想起一些重要的事情。事实上，能留在记忆里的东西往往都是重要的。不过，有些心理学流派则提出了截然相反的假设。他们认为，忘记了的事情才是最重要的。然而，这两种观点其实并没有太大的区别。一个人也许可以告诉我们他有意识的记忆，但并不知道其背后的意义，更不知道这些记忆跟自己的行为之间到底有什么联系。因此，无论我们强调有意识记忆的潜在意义，还是被遗忘记忆的重要性，其结果都是一样的。

对早期记忆的描述，哪怕只是零星的或片面的，也能给我们带来启发。例如，有人告诉你，小时候，母亲曾经带着他和弟弟一起去市场。光凭这一点，就足以让我们发现他的生活风格。他提到了自己，也提到了弟弟。可见，对他来说，有个弟弟是一件非常重要的事情。让他接着往下讲，也许会出现类似这样的画面：那天，开始下雨了，母亲把他抱了起来。可就在这时，母亲看到弟弟，于是，就把他放下了，去抱弟弟。此时我们就可以勾勒出他的生活风格了，即他总觉得别人比自己更受待见。这样，我们就能理解为什么他在社交场合总是寡言少语了。理由很简单。他总是在观察，看看周围是否有人比自己更受欢迎。这一点在交友问题上也不例外。他总觉得朋友更喜欢别人，因此永远也交不到真正的朋友。他总是疑神疑鬼，总拿一些鸡毛蒜皮的小事阻碍友谊的发展。

与此同时，我们也看到了这样的悲剧对其社会兴趣发展的影响。他回忆说，母亲抱起了弟弟，也就是说，他觉得母亲在弟弟身上花的心思更多一些。他觉得弟弟更受待见，于是，便不断地去验证这种想法。他坚信自己的感觉是对的，因而总是处在巨大的压力之中。换句话说，在看到别人备受宠爱的情况下，自己总想干出点什么惊天动地的大事来。

对于这样一个疑神疑鬼的人来说，唯一的解决方案就是让他与世隔绝。如此一来，世界上只剩下他一个人了，也就不用和别人竞争了。有时这样的孩子的确会产生类似的幻觉：整个世界土崩瓦解了，地球上只剩下他一个人了，再也没有人来跟他争宠夺位了，于是，他开始想方设法拯救自己。遗憾的是，他并没有凭借逻辑、常识和事实选择一条正确的道路，而是一味钻进了猜疑的牛角尖。他把自己封闭在一个狭小的天地里，一心想着逃避。他与旁人毫无瓜葛，对他们也毫无兴趣。然而，我们不能因此去责备他，毕竟他和常人不同。

对于这样的人，我们要做的就是激发他们的社会兴趣，让他们变得跟正常人一样。那么，具体应该采取什么措施呢？这类患者最大的问题在于他们总是过度紧张，总是不停地去验证自己固有的想法。所以，要想改变这种想法，就必须设法走进他们的内心，打破他们的成见。当然，这需要一定的技巧，需要一定的智慧。最理想的状态是，医生和患者关系生疏，或者说医生对患者本人不感兴趣，这是因为如果医生对病例产生了直接兴趣，那就意味着他的兴趣点是在自己身上，而不是在患者身上，而这一点难逃患者的眼睛。而患者一旦发现，就会心生疑虑。

在治疗过程中，最重要的莫过于减轻患者的自卑感。然而，自卑感是不可能根除的。事实上，我们也不希望如此，因为一定程度的自卑感可以成为自我发展的跳板。所以，我们要做的是改变患者的目标。前面说过，患者之所以把逃避当成目标，就是在他眼里，别人都比自己更受欢迎。因此，我们的所有工作都要围绕着

“观念情结”来展开。为了减轻他的自卑感，必须让他知道自己低估了自己。我们可以指出他的问题所在，让他知道正是由于自己过度紧张才出现了“如临深渊、如临大敌、深陷绝境”的幻觉。我们还可以告诉他，正是由于自己总是害怕失宠，才会阻碍他各方面的正常发挥，也会影响他建立良好的个人形象。

如果这样的人在社交场合能够充当主人的角色，热情招待朋友，处处为朋友着想，共度美好时光，那么，他的身上就会出现巨大的转变。然而，在真实的社交生活中，他们毫无想法，感受不到任何乐趣。所以挂在他们嘴边的常常是：“一群蠢货！根本不懂得欣赏，根本不值得欣赏。”

这种人最大的问题在于认知偏差、常识匮乏，因此在现实生活中显得稀里糊涂。就像前面所说的那样，他们总是如临大敌，永远过着孤狼般的生活。作为人类，这样的异常状态只能用“悲剧”二字来形容。

现在，再来看一个实例——一个抑郁症患者的例子。抑郁症虽然非常普遍，但绝不是不能治愈的。事实上，我们发现，很多孩子在面对新的环境时都会出现一些抑郁症症状。我们谈到的这名患有抑郁症的男子有过十次左右的发病史，而每次发病都是在他调换岗位的时候。只要不换工作，他几乎没有什么异样。他一方面不愿参加社交活动，另一方面又有着极强的控制欲。所以，身边一个朋友都没有。而且到了知天命的年龄，依然孑然一身。

为了了解他的生活风格，不妨先看看他的童年。小时候，他非常敏感，喜欢胡搅蛮缠，每每以痛苦和体弱为借口来要挟自己的哥哥姐姐。有一天在沙发上玩的时候，他把别人全都推了下去。姑妈训斥他的时候，他却振振有词："你骂我，你毁了我的人生！"要知道，那时他才四五岁。

这就是他的生活风格。他总想控制别人，总拿痛苦和体弱说事儿。结果，后来他得了抑郁症，而抑郁症本身就是软弱的表现。几乎每个抑郁症患者的口头禅都是："我的人生彻底毁了，我现在一无所有。"这种人往往是先得宠、后失宠，而正是这一得一失才塑造了他们后来的生活风格。

人类对环境的反应与动物十分相似。面对同样的情境，兔子与狼或老虎的反应是截然不同的。在这一点上，人类也是一样的。有人曾经做过这样一个实验：他把三种不同类型的男孩带到狮笼前，观察他们第一次面对危险动物时的反应。第一个男孩转身说道："咱们回家吧。"第二个男孩说道："真好玩！"说这话的男孩想让自己显得十分勇敢，然而，说话时却浑身发抖。这是一个典型的胆小鬼。第三个男孩说道："我可以朝它吐唾沫吗？"至此，我们看到了三种迥然不同的反应，看到了三种截然不同的态度，同时，也看到了绝大多数人都有恐惧倾向。

在社交活动中，这种胆怯心理是导致社会适应不良最常见的原因。有这样一名男子，他家庭条件优越，自己从不努力，总是依赖别人。他看上去十分虚弱，因而一直找不到工作。后来，家道败落了。他的兄弟跟他说："你真是笨到家了，连个工作都找不到！你真是个棒槌！"打那以后，这名男子就开始酗酒，几个月后，便成了货真价实的酒鬼，再后来，在精神病院里关了两年。这两年虽然对他有所帮助，但是好景不长，因为他是在毫无准备的情况下重返社会的。虽说他是望门之后，但是除了打打零工当当苦力，什么工作也找不到。没过多久，他开始出现幻觉。他总觉得有人在嘲笑他找不到工作。起初找不到工作，是因为他醉酒；后来找不到工作，是因为他产生了幻觉。由此可知，仅仅让一个酒鬼清醒过来还是不够的，必须弄清楚他的生活风格，加以纠正。

调查发现，这名男子从小得宠，遇事总想求人，从未想过去独立工作，其后果是再清楚不过了。因此，每一个孩子都应该学会独立，而独立的前提是要认识到自己生活风格中的错误。假如上面那个孩子能够学会独立做事，那么，他在自己的兄弟姐妹面前就不会自惭形秽了。

第五章

不完美的记忆

在分析完个体生活风格的重要性之后，我们再来谈谈早期记忆。对早期记忆的探索也许是我们进入个体生活风格迷宫的最重要途径。通过回顾童年记忆，就能揭开作为生活风格核心的原型的面纱，而这比任何方法都要奏效。

要想了解一个人（无论是成人还是孩子）的生活风格，在听了他简短的诉说之后，应该询问一下他的早期记忆，然后再根据他描述的其他事实进行比较考证。生活风格的大部分要素都不会改变，同一个个体有着同一种人格，是同一个生命统一体。前面说过，个体的生活风格是在追求优越目标的过程中形成的。因此，他的一言一行、他的每一种感受都应视为整个行动方向的有机组成部分。这种行动方向在某一时刻显得格外清晰，这在早期记忆中尤其如此。

然而，我们不应把新旧记忆截然分开，因为新的记忆中也包含着行动方向。如果一开始就能找到行动方向，事情就会变得更加容易，更加清晰。如此一来，就能发现个体的人生主题，也就能理解为何其生活风格始终不变。在四五岁时形成的生活风格中，我们可以发现早期记忆与当下行为之间的关系。因此，在经过了大量的观察研究之后，我们更加坚信这样的理论：我们永远都可以在患者早期记忆中找到其原型的本质。

可以肯定的是，在患者回忆过去时，记忆中出现的任何事情对他来说都是打动心灵、触动情感的。这样我们就能从中发现他的性格形成线索。毋庸置疑，那些被遗忘的经历对于个体的生活风格原型来说也是非常重要的。但是，要挖掘出这些遗忘的记忆（或者“无意识记忆”）并非易事。“有意识记忆”与“无意识记忆”具有共同的特质：它们都指向同一个优越目标，它们都是原型的有机组成部分。因此，如果可能的话，同时挖掘出有意识记忆和无意识记忆是最好不过了，因为二者同等重要，缺一不可。一般而言，个体对于这两种记忆都不甚了解，只有旁观者才看得清楚，并能解读其中的含义。

先从有意识记忆谈起吧。问起早期记忆，有人会说：“我什么也不记得了。”这时，必须要求他们集中精力，好好想想。经过一番努力之后，他们往往都能想起一些事情。然而，迟疑本身也是一种重要信号，说明他们不愿意回忆往事。由此可以判断，他们的童年可能并不美好。所以，为了得到想要的信息，必须对他们进行引导、旁敲侧击，最终他们总能记起一些事情来的。

有人声称自己记得一岁时的事情，这基本上是不可能的。事实上，他们所说的那些事情很可能是想象出来的，并不是真正的记忆。然而这并不重要。无论真假，这些记忆都是个体性格的重要组成部分。也有人说，他们无法确定那些事情究竟是自己记住的，还是父母告诉他们的。这也并不重要。即便是出自父母之口，他们也早已记住了，这同样有助于我们了解他们的兴趣所在。

正如我们在上一章里所解释的那样，有时把个体分成不同类型便于研究。对早期记忆进行分类，可以让我们预判同一类人的行为模式。就拿下面这个例子来说吧。有人说，他见过一棵华丽的圣诞树，上面挂满了彩灯、礼物和圣诞蛋糕。在这个故事里，最有趣的地方在哪儿？最有趣的地方在于他看到的景象。他为什么要告诉我们他看到了什么？因为他一直都对视觉事物颇感兴趣。他的视力有些问题，于是，在整个矫正过程中，对“视觉”产生了浓厚的兴趣。这也许并不是他生活风格中最重要的因素，但却是非常有趣也是比较重要的一部分。这就意味着，无论让他做什么工作，最好都能跟视觉有关。

在儿童教育中，学校常常忽视了分类原则。我们发现，对视觉感兴趣的儿童常常不会认真听讲，他们总是忙着观察。遇到这种类型的孩子，不能急躁，要耐心开导他们学会观察。在学校里，很多孩子只接受某一种教学方式，因为他们对某一感官的运用偏爱有加。有人擅长听，有人擅长看，有人擅长运动。所以，不能指望不同类型的孩子能得到同样的发展。如果老师偏爱某一种教学方式，那差别就会更大。比如，如果老师采用的方式更适合擅长听的孩子，那么擅长看或擅长运动的孩子就会受到影响。

看一下这个案例。患者是一名二十四岁的年轻男子，经常昏厥。当问及其早期记忆时，他说，四岁那年，有一次听到火车的汽笛声后昏倒了。也就是说，他曾经听到过某些声音，继而对“听觉”产生了兴趣。在这里，我们无须解释这名男子后来是如何患上昏厥症的，只要注意到他从小就对声音很敏感就可以了。他无法忍受各种各样嘈杂的声音，这说明他有音乐天赋。所以，听到汽笛声后出现那么大的反应也就不足为奇了。常常会有这样的情况，人们（无论大人还是孩子）会因受到某事的困扰对其产生兴趣。读者诸君，你一定还记得前文提过的那个哮喘患者吧。他小时候出于某种原因绑得过紧，肺部受到挤压，结果便对呼吸产生了异常的兴趣。

有些人似乎只对吃的东西感兴趣，他们的早期记忆一定与吃有关。在他们的世界里，最重要的事情仿佛只有一个字，那就是“吃”。具体而言，就是怎么吃、吃什么、不吃什么。研究发现，这类人小时候都有过进食障碍，因此对吃就格外重视。

现在，再来看看与行动和走路有关的记忆吧。众所周知，很多孩子一开始会因为身体虚弱或者软骨病等原因走路不稳，因而对走路很感兴趣，总想走得快一点。下面这个例子就很能说明问题。一名五十岁的男子告诉医生，每次跟别人一起过马路时，都担心他们会被撞飞，而自己过马路时则非常从容，从来都不会害怕。过马路时，只要身边有人，就想去保护他们。他会紧紧抓住同伴的胳膊，时而将他推向左边，时而将他推向右边，结果总是将对方惹恼。尽管这种例子并不常见，但偶尔也会遇到。现在来分析一下他愚蠢的举动背后的原因吧。

当问及其早期记忆时，他说，小时候得了软骨病，三岁时走路还歪歪斜斜的。他曾经在过马路时被车撞过两次。现在是成人了，他要向别人证明自己早已克服了这块心病，这对他来说非常重要。换句话说，他想要证明他是唯一一个能安全过马路的人。因此，只要身边有人，他就会不失时机地来证明自己。当然，对于绝大多数人来说，安全穿过马路并不是什么值得骄傲的事情，也不是什么值得竞争的事情。然而，对于上述患者来说，自由行走的欲望以及炫耀该种能力的欲望都是十分强烈的。

再来看看另外一个案例。案例中的男孩行走在犯罪的边缘，他一会儿偷东西，一会儿逃学，弄得父母几乎绝望了。他的早期记忆里全都是“如何四处行走、如何快速行走”之类的东西。如今，他和父亲在一起工作，却整天坐着，一动不动。鉴于这个案例的性质，部分治疗方法是让他去当一名推销员，为父亲的生意东跑西颠。

死亡也是一种非常重要的早期记忆。当儿童看到有人突然离世时，心灵会受到沉重的打击。目睹了死亡之后，儿童有时会变得十分消沉，有时会毕其一生的精力研究有关死亡的问题，并且会通过各种方式与疾病和死亡做斗争。调查发现，这些孩子长大以后，很多人开始研究医学。最终，有的成了医生，有的成了化学家。这样的人生目标当然是很有意义的——他们不仅自己与死亡抗争，而且也帮助别人与死亡抗争。但是，有时原型也会出现非常自我的倾向。有一个小男孩，姐姐的死亡对他的打击很大。问他长大以后想做什么，本以为他会说想当一名医生，然而，他的回答却是“想当一名掘墓人”。问他为什么想当掘墓人，他回答说：“那样，我就可以去埋葬别人，而不是被别人埋葬。”这一案例告诉我们，这样的人生目标是没有意义的，因为这个男孩只关心自己，不关心别人。

现在，再看看那些被宠坏了的孩子的早期记忆。早期记忆就像一面镜子，可以清楚地反映出这类儿童的性格特征。他们经常提起自己的母亲。这种情况也许很正常，但同时也说明，为了获得理想的地位，他们必须付出巨大的努力。有时早期记忆看起来似乎无关痛痒，却非常值得分析。比如，一名男子跟你说：“当时，我坐在自己的房间里，妈妈就站在壁橱旁。”这话听上去似乎并不重要。但是既然提到了母亲，就说明他很在意这一点。在某些案例中，母亲会隐藏得很深，因而研究起来也就更加困难，只能凭猜测去了解母亲的点点滴滴。比如，有人跟你说：“我记得我去旅游了。”假如你问他是跟谁一起去的，你会发现是跟他的母亲。再比如，假如一个孩子告诉我们：“我记得那年夏天是在乡下度过的。”据此可以推断，孩子的父亲留在城里工作，孩子是跟着母亲一起去的乡下。不妨这样问他：“你当时跟谁在一起？”通过这种方法，常常可以看出母亲对孩子的潜在影响。

在对早期记忆的研究中，我们发现了“争宠”的现象，看到了孩子在成长过程中如何开始重视母亲对自己的宠爱。这一点对研究来说非常重要，这是因为，假如一个孩子或者一个成人告诉我们类似的记忆，基本上可以断定他们往往没有安全感，总是担心自己会失宠或者会被人取代。因此，他们会越来越紧张，越来越担心，表现也越来越明显。这一点非常重要。它意味着，在今后的生活中，这样的人忌妒心会很强。

有时，人们的兴趣会集中在某一点上。比如，一个孩子可能会说："有一天，我负责照看妹妹，我很想好好照顾她。我把她放到桌子上，没想到，她被桌布绊了一下，掉地上了。"这个孩子当时只有四岁，让这个年龄的孩子去照看更年幼的孩子显然为时过早。可想而知，对极力想照顾好妹妹的这个孩子来说，这件事情绝对是一生中的一大悲剧。长大以后，她嫁给了一个十分善良或者说十分懦弱的男子。但是她总是吃醋拈酸，刻薄寡思，生怕丈夫移情别恋。结果，丈夫久处生厌，真的渐渐把心思全部放到孩子身上了。个中原因，不难理解。

有时，人们的紧张情绪会表现得非常明显。他们会记起自己曾想伤害家人，甚至想要害他们的性命。这种类型的人只关心自己，他们不喜欢别人，总把别人视为威胁。这种情绪在他们的原型中就已经存在了。

有这样一种人，他们在方方面面都一事无成，但无论是做朋友，还是做同事，却都害怕别人更受欢迎，同时，也怀疑别人会超过自己。带着这样的念头，他们从未真正融入社会，不管做什么工作，总是紧张兮兮，在婚恋方面尤其如此。

就这类患者而言，即便无法彻底治愈，也可以借助早期记忆的研究成果改善其生活状态。

我们的治疗对象之一就是前面提到的和母亲、弟弟一起去市场的那个男孩。当时，下雨了，母亲把他抱了起来。可是，当母亲注意到弟弟之后，就把他放了下来，转而抱起了弟弟。因此，男孩觉得母亲更偏爱弟弟。

正如前文所说，假如了解了患者的早期记忆，就可以预测其日后的生活状态。然而应当记住的是，早期记忆并不是原因，而是线索，它让我们知道了过去发生的事情，也有助于我们预测事态的发展。早期记忆预示着个体日后的行为目标及需要克服的困难障碍，展现了个体的兴趣是如何从一个方面转向另一个方面的。比如，患者也许在性生活上经历过所谓的“创伤”，因而他对此类事情可能兴趣更浓。如果他的早期记忆中包含着性经历之类的事情，也没必要感到惊讶，因为有些人在很小的时候对性特征就格外关注。对性感兴趣是一种正常的人类行为，然而，这种兴趣无论在形式上还是在程度上都因人而异。研究发现，那些早期记忆中包含性经历的患者日后往往会朝着这个方向发展。但是，由于他们过于关注这方面的事情，所以，最终的生活并不和谐。有些人认为性是万物的基础，另一些人则坚称胃才是人体最重要的器官。研究表明，在这些案例中，患者的早期记忆与日后的性格特征是高度一致的。

有这样一个男孩，没有人知道他是怎么考上高中的。他非常好动，很难坐下来好好学习。在应该学习的时候，他却琢磨着别的事情，不是去咖啡馆，就是去看朋友。因此，他的早期记忆十分有趣。他说："我记得自己躺在摇篮里，看着墙壁。墙上贴着壁纸，壁纸上印着各种各样的花朵图案。"他的心思都在摇篮里，根本不想考试的事情。他常常胡思乱想，脚踏两只船，完全无法集中精力学习。可想而知，这是一个小时候被惯坏了的孩子，根本不能独立工作。

现在，再来谈谈"姥姥不亲舅舅不爱"的孩子。

这种类型比较少见，常常是一些极端的例子。假如孩子一出生就不招人待见，那他很难活得下来，肯定会夭折。一般来说，父母或保姆都会或多或少地娇惯孩子，满足他们的各种要求。事实上，招人讨厌的孩子经常是私生子、问题儿童或者是被遗弃的儿童，他们常常变得萎靡不振，闷闷不乐。在他们的早期记忆中，经常会有被人厌恶的经历。比如，一名患者说："我记得他们打过我屁股，我妈妈不停地教训我、批评我，直到我逃跑了完事。"而在逃跑的过程中，他险些被淹死。

这名男子之所以去看心理医生，是因为他总是足不出户，总也无法踏出家门。从他的早期记忆中我们得知，他曾经在外出时遇到了不小的危险。这一经历牢牢地刻在了他的记忆里，所以，每次外出，都担心会有不测。他是个非常聪明的孩子，却常常担心考不了第一，因此总是犹豫不决、停滞不前。好不容易上了大学，又担心自己比不过别人。这一切都可以追溯到他早期记忆中的危险经历。

另一个典型的例子是一个孤儿。父母去世时，他只有一岁。他患有软骨症，到了孤儿院后又没有得到适当的照料，也没人关心他，所以成年之后很不擅长交际。研究发现，他总是觉得别人更受待见，而这种感觉严重地影响了他的成长。他常常觉得遭人嫌弃，因而无法面对生活中出现的问题。由于自卑，他被大部分生活内容排斥在外，包括恋爱、婚姻、友谊、事业等，因为这一切都需要与人进行密切的接触。

另一个有趣的案例是一名总是抱怨失眠的中年男子。他四十六七岁，成家了，也有了孩子。他为人苛刻、蛮横无理，对自己的家人尤其如此。他的一言一行令所有人感到痛苦不堪。

在问及他的早期记忆时，他说，在他成长的家庭里，父母总是争吵不休，而且经常大打出手，互相威胁，因此他很怕他们。他上学时穿得邋里邋遢，根本没人管他。有一天，他的老师因故没来上课，由别人来代课。这位代课的女老师热情高涨、信心满满。在她眼里，教育是一份体面而高尚的工作。她在这个缺乏管教的男孩身上看到了希望，给了他莫大的鼓励。这是男孩有生以来第一次受到这样的待遇。打那以后，他便开始刻苦学习，不过，总觉得像有人在背后推着他似的。他并不相信自己真的可以变得非常优秀，因此加倍努力，总是学习到深夜才肯休息。就这样，成人之后，他每天都要加班到半夜，有时整夜都不睡觉，考虑着下一步该做什么。结果，他认为，要想有所成就，压根就不应该睡觉。

我们发现，在后来的生活中，他那种出人头地的愿望全都体现在对家人的态度上和对他人的行为上。家人不如他，他就扮演起征服者的角色，弄得妻子和孩子苦不堪言。

总结一下这名男子的性格特征，可以说，他的确有一个优越的目标，然而，那却是一个自卑感很强的人为自己设立的目标。这种情况经常发生在精神高度紧张的人身上，紧张意味着对自己的成功没有把握。这种自我怀疑的态度反过来又被一种优越情结所掩盖，而这种优越情结不过是一种虚假的姿态而已。这一点通过对早期记忆的研究就可以看得清清楚楚。

第六章

态度与行为

在上一章里，我们重点阐述了如何通过个体的早期记忆和幻觉来挖掘其隐藏的生活风格。不过就个性研究而言，有很多种切入方法，而早期记忆只是其中的一种。除了早期记忆以外，还可以观察个体的行为和态度。所有方法都离不开一个原理，那就是通过局部来诠释整体。行为本身既是态度的表达，也是态度的内涵，而态度则代表了个体对生活的整体看法，也就是所谓的生活风格。

首先，来谈谈肢体动作。众所周知，我们会根据个体的站姿、走姿、言谈举止等对其进行性格判断。尽管这种判断不总是有意识的，但是肢体动作留下的印象却总能左右我们对他的好恶。

先拿站姿来说吧。面对眼前的孩子或者成人，我们会马上注意到他的站姿：是笔直如松，还是弯腰驼背？这个很简单。不过，真正需要关注的是那些特别夸张的姿势。如果一个人站得过于笔挺，四肢极力伸展，我们不禁要问：他是不是有意为之？由此可以推断，此人的内心并不如外表强大，仅仅一个小小的动作就能暴露出其内心的某种优越情结：他希望表现得更加勇敢，想要更多地表现自己。其实，如果他稍微放松一点，是不难做到的。

另外，我们也会看到与此完全相反的人，他们总是松松垮垮、弯腰驼背。从某种意义上来说，这种姿势暗示了他们内心十分软弱。但是，作为艺术和科学的一个重要原则，我们需要谨慎行事，要多方求证，不能仅凭某一现象就妄下结论。尽管有时我们对自己的结论充满信心，但仍然需要从其他角度加以验证。我们需要问问自己："弯腰驼背意味着懦弱，这样的观点真的站得住脚吗？如果他们陷入困境，我们又指望他们做出何种反应呢？"

通过多方面的观察，我们发现，这类人时时刻刻都在寻找可以倚靠的东西，比如，一张桌子或一把椅子。他们不相信自己的力量，永远都在寻求他人的支持。这一点和弯腰驼背反映出的是同一种心态。因此，当两种行为同时出现在个体身上时，我们的判断就得到了验证。

我们还发现，依赖他人的孩子与个性独立的孩子肢体动作也完全不同。观察一个孩子的站姿、观察他待人接物的方式，就能判断出他独立的程度。遇到这种情况，根本不需要怀疑，因为有很多方法都可以验证我们的判断。一旦判断得到证实，就可以立刻采取补救措施，对孩子进行正确引导。

现在，我们不妨拿一个独立性不强的孩子作为实验对象。先让孩子的母亲坐在椅子上，然后让孩子走进母亲所在的房间。观察发现，孩子并没有东张西望，而是径直走向自己的母亲，然后立刻靠在椅子上或者靠在母亲身上。这和我们的预测不谋而合，那就是，这个孩子总想得到别人的支持。

观察孩子与外界的接触方式也很有意思，这不仅能反映出孩子的社会兴趣和适应能力，而且还能体现出孩子对他人的信任程度。一个不愿意接触他人的人，一个落落寡合的人，在别的场合也同样会表现得冷漠矜持。观察发现，他总是少言寡语、默不作声。

每个人都是一个整体，都会采取同样的方式应对生活中出现的种种问题，一切的一切都指向同一个方向。现在，不妨用一个真实案例来说明一下：前来求诊的患者是一名女性。医生本以为她会坐到离他最近的椅子上。然而，当他请她坐下时，她却环视四周，选择了一个离他最远的位置，由此可以推断，患者只愿意与一个人打交道。她说她已经结婚了，仅凭这一点，就可以轻而易举地猜出她的整体情况——那就是，她只愿意和丈夫一人接触，渴望得到他的宠爱。这样的人往往都会要求自己的丈夫每天准时回家，晚一点也不行。另外，独处时她会坐立不安。她不愿意走出家门，也不喜欢结交朋友。总之，从她的一个小小肢体动作上就可以猜出她的整体状况。当然，这一理论还需要通过其他方法加以验证。

她可能会告诉我们："我有焦虑症。"如果不知道焦虑症可以用来控制他人，那么没有人知道这句话的真正含义。假如一个孩子或者一个成人患有焦虑症，那么可以推测，此人的身边一定会有一个可以依赖的人。

曾几何时，有一对夫妇坚称他们是自由思想者。自由思想者认为，在婚姻里，只要双方坦诚相待，就可以随心所欲。结果丈夫把自己的几段风流韵事和盘托出，妻子对丈夫的诚实坦率似乎也很满意。不过，没过多久，她便患上了焦虑症，每次出门必须有丈夫陪伴。从中可以看出，所谓的自由思想是如何被焦虑或恐惧所改变的。

有些人总喜欢站在墙边或者靠在墙上，这说明他们不够勇敢、不够独立。下面，我们来分析一下这种胆小怕事、犹豫不决的人的原型。有这样一个男孩，他在学校里非常腼腆。这是一个非常重要的信号，说明他不愿意与人接触。他没有朋友，总盼着放学；他走路很慢，下楼时总是贴着墙根；等到出了校门，便低着头，一路跑回家去。他在学校里算不上是好学生，事实上，因为不喜欢学校，成绩一直很差。他总想回家，回到妈妈身边。妈妈是一个寡妇，身体不好，对他溺爱有加。

为了进一步了解患者的情况，医生找到了他的母亲，进行了一次交谈。医生问她："他愿意睡觉吗？"她答道："是的。""夜里哭闹吗？""不会。""尿床吗？""不尿。"

医生很纳闷，觉得要么是自己出了问题，要么是男孩出了问题。随后，他断定男孩一定是跟母亲一起睡的。他是怎么得出这个结论的呢？因为孩子夜里哭闹是为了引起母亲的注意，如果他跟母亲同睡一床，就没有这个必要了，尿床也是如此。医生的结论很快得到了证实，男孩确实是跟母亲一起睡的。

仔细观察不难发现，心理学家所关注的细枝末节都是个体生活计划的组成部分。个体的生活目标能告诉我们很多东西。就本案例而言，男孩的目标就是时刻与母亲待在一起。据此可以判断一个孩子的意志是否薄弱，因为意志薄弱的孩子是不可能制订聪明的生活计划的。

现在，来看看个体之间心态方面的差异。有的人争强好胜，有的人动不动就说要放弃。然而，现实中从未有谁真的放弃过。放弃可不是一件容易的事情，这是人性使然。正常人是不会轻言放弃的，虽然可能有时看上去似乎要放弃了，但实际上，那正是他在做更加艰苦的努力。

有一种孩子总想放弃。他们在家庭里永远都是被关注的焦点，人人都要宠着他，都要推着他走，都要给他出主意。由于在生活中总是离不开别人，于是，他们便成了大家的负担。实际上，这就是他们的优越目标。换句话说，他们试图以这种方式来表达自己的控制欲。前面说过，这种优越目标是自卑情结的产物，如果他们真的相信自己的能力，就不会采取这种“抄近道”的方法来达到目的了。

有一个十七岁的男孩就表现出这样的特点。他是家中的长子。前面说过，当次子到来时，长子的悲剧就开始了，他原本备受关注的家庭地位也就动摇了。男孩的情况也是如此，所以他很沮丧，一肚子牢骚，工作也没有着落。有一天，他企图自杀；后来，他找到了医生，并对医生说，他在企图自杀的前一天晚上做了一个梦，梦见自己开枪杀死了自己的父亲。由此可以看出，这样一个抑郁、懒惰、毫无作为的人，其实一直在心里盘算着该如何行动。同时我们也发现，那些懒惰厌学的孩子和无所事事的成人个个都处在危险的边缘。他们的懒惰往往只是一种表面现象。一旦出现变故，就会试图自杀，就会得神经病，就会精神错乱。有时，如何确认这类患者的心理状态仍然是一个非常棘手的科学难题。

孩子害羞，也是非常危险的。害羞的孩子必须得到良好的治疗，否则会毁掉他们的一生。如果孩子的羞怯心理得不到及时纠正，那么，他们的人生路上将会荆棘密布，因为在我们的文化中，只有勇敢的人才能成功，只有勇敢的人才能享受生活的恩赐。勇敢的人不会因为失败而消沉，而羞怯的人则不然，他们一旦遇到困难，便会选择逃避，并最终走向生活的反面。这类孩子在长大后会患上神经症或者精神失常。

他们总是自惭形秽，跟别人在一起时也总是吞吞吐吐。结果，他们要么沉默不语，要么深居简出。

上面描述的这些特征叫作心态。心态不是先天的或者遗传的，心态是个体在不同的环境中所做出的不同反应。所谓特定特征，就是个体在面对问题时其统觉所给出的答案。当然，它并非总是哲学家所预期的合理答案，而是个体的童年经历和儿时错误共同作用的结果。

心态的形成过程及其影响在未成年人或非正常人身上表现得十分明显，而在成年的正常人身上则很难观察到。正如我们所知，原型阶段的生活风格比后期的更加清晰，更加简单。事实上，我们不妨把原型阶段对心态形成的作用过程当成尚未成熟的果实。这样的果实会吸收一切可以吸收的东西，如水、养料、空气等，以促进自身的成长。原型与生活风格之间的区别就像是未成熟的果实与成熟的果实之间的区别。就人类而言，在果实尚未成熟阶段将其打开进行研究较为容易，不过，此时所揭示的内涵在很大程度上与果实成熟阶段的内涵相差无几。

比如，我们发现，儿童早期的懦弱心理会体现在后期的方方面面。懦弱的孩子在很多方面都与勇敢的孩子有所不同。勇敢的孩子往往具备一定的勇气，而勇气则是常识的必然产物。不过，在特定情况下，懦弱的孩子也会有勇敢的表现，这一点在他们有意问鼎冠军的时候就十分明显。下面这个男孩的例子很好地说明了这一点。这个男孩不会游泳。有一天，别的孩子叫他一起去，他就去了。水很深，他差点儿淹死。这当然不是什么真正的勇气，这简直就是胆大妄为。他之所以这么做，纯粹是为了得到别人的敬佩。他无视危险的存在，而一旦危险临近，则希望别人能去救他。

从心理上讲，勇敢和胆怯这个问题与宿命论的信仰密切相关。信仰宿命论会影响我们采取积极行动的能力。有的人优越感极强，认为自己神通广大、无所不能。他们觉得自己什么都知道，所以什么都不想学，结果可想而知。有这种优越感的孩子往往成绩欠佳。有的人总想尝试最危险的事情，他们相信自己能化险为夷，相信失败永远与自己无缘，结果往往适得其反。

我们发现，现实中有这样一种人，无论遭遇何种变故，都安然如故，不受影响，这就是宿命论的作用。比如，他们在一次事故中死里逃生，于是便认为自己的存在注定是为了完成更加崇高的使命。曾经就有过这样一名男子，不过，在经历了一次意外之后，便丧失了所有的勇气，从此变得一蹶不振。对他来说，生命中最重要的精神支柱已然坍塌了。

当问及其早期记忆时，他提到了一次非常重要的经历。他说，有一次他准备去维也纳的一家剧院看戏，可是，去之前他有别的事情需要先处理一下，等他后来赶到剧院时，剧院已经在大火中夷为平地。一切都毁了，可他却躲过一劫，不难想象他当时的想法——那就是，他之所以幸存，是为了更加重要的目的。此后，一切顺风顺水，直到有一天，他婚姻出了问题，他瞬间崩溃了。

说到宿命论的意义，可写的东西很多。它不仅影响着民族的发展与文明的走向，同时，也影响着个人的命运。但在这里，我们只讨论它与心理活动和生活风格之间的关系。宿命在很多时候都是一种懦弱的逃避。它让个体无心奋斗、无心追求有意义的生活，因此，宿命论所带来的精神支柱完全是虚幻的。

另一种影响人际关系的基本心态是羡慕。羡慕也是自卑的一种表现。其实，每个人的性格中都有羡慕的成分。些许的羡慕是无害的，是正常的。然而，羡慕只有转化成为有益的力量才有助于工作，有助于进步，有助于问题的解决。否则，羡慕便是无益的。因此，对于人人都有的羡慕心理应该抱有宽容的态度。

但是，忌妒却是一种更加棘手、更加危险的心态，完全无法产生任何积极作用。一个心怀忌妒的人无论如何也不可能成为一个有用的人。

此外，忌妒的结果就是深深的自卑。心怀忌妒的人总怕失去同伴，因此，每当他试图用某种方式来影响同伴时，忌妒心理就会暴露他的无能。深入研究这类人的原型，不难发现，他们身上普遍存在着一种“剥夺感”。所以，无论何时，一旦遇到这样的人，我们都应该检视一下他的过去，看看他是不是一个曾经失去宝座的人，是否等待着厄运再次降临。

上面我们谈论的是与羡慕、忌妒有关的一般性问题。现在，我们来讨论一种非常特殊的羡慕之情，即女性对男性优越的社会地位的羡慕。研究发现，很多女性，无论是年轻女孩还是成年妇女，都希望自己成为男性。这种心态不难理解，这是因为客观上，在我们的文化中，男性总是处于主导地位。与女性相比，男性总能得到更多的赞赏、重视和尊敬。从道义上讲，这是不公平的，应该予以纠正。同时，女性发现，男性在家庭中活得更加舒服。他们不必为鸡毛蒜皮的琐事操心，而且在很多方面都享有更多的自由。正因如此，女性开始对自己的性别感到不满，于是，她们便开始模仿男性。模仿的方式很多，穿男装就是其中一种。在这一点上，她们有时会得到父母的支持，因为男装确实比女装舒服。类似的行为很多，也很有益，因此没必要给她们泼冷水。但是有些想法则是毫无意义的，比如，女孩不起女孩的名字，偏偏要起男孩的名字。而且如果别人不叫她们给自己起的男孩名字，她们就会大发雷霆。如果这种态度不是自我调侃，如果它反映出的是某些深层次的东西，那就非常危险了，因为日后它可能会表现为对自己性别角色的不满、对婚姻的抗拒或者对婚后自己所承担的女性角色的厌恶。

我们不应该指责那些喜欢穿短裤的女性，因为确实方便。在很多方面，女性完全可以像男性一样发展，像男人一样工作。然而，如果她们对自己的女性角色感到不满，总想去模仿男人的恶习，那就非常危险了。

这种危险倾向常常出现在青春期，这也是原型最容易出现问题的阶段，心智未开的女孩开始忌妒男孩的特权，开始模仿男孩。归根结底，这是一种优越情结，是对正常发展的逃避。

正如前面所说，这种情况会导致女性对婚恋的厌恶。但是，这并不意味着这样的女孩都不想结婚。这是因为在我们的文化中，单身也是一种失败，所以，即便是对婚姻毫无兴趣的女性也希望能建立自己的家庭。

任何人，凡是主张以平等原则来协调两性关系的，都不应该鼓励女性去对抗男性。男女平等必须符合事物发展的自然规律，而对抗男性则是对抗现实的盲目行为，因此是优越情结的一种具体表现。事实上，这种对抗会影响两性的正常功能，会引发很多严重的症状。通过追根溯源就会发现，上述情况在童年时期就已经出现了。

有些女孩想成为男孩。同样，有些男孩也想变成女孩，只是这样的例子并不多见。他们想要模仿的并不是普普通通的女孩，而是举止夸张、风情万种的女孩。他们涂脂抹粉，头插鲜花，极力效仿轻浮女子。这种行为同样也是优越情结的一种表现。

研究发现，在诸多类似的案例中，男孩大都是在女性主导的环境中长大的。因此，随着年龄的增长，他们会慢慢去模仿自己的母亲，而不是父亲。

曾经有个男孩因为性方面的问题前来就诊。他回忆说，自己总是与母亲待在一起，而父亲在家里就像空气一样。母亲婚前是一名裁缝，婚后也做着类似的工作。男孩因为一直跟着母亲，所以对母亲做的东西也逐渐产生了兴趣。他开始学做针线活，学画裙子图样。他四岁时就学会了辨认时间，因为母亲总是在四点出门，五点回家。每次看到母亲回来，他都感到非常高兴，因此也就学会了看钟。

后来，他开始上学了，言谈举止跟女孩一模一样。他不爱运动、不喜欢游戏，男孩们经常拿他打趣，有时甚至还会有暧昧举动。比如，他们要登台演出。可想而知，让他扮演的是一个女性角色。他的表演非常成功，很多观众都误以为他是女孩，有一位男性观众甚至还偷偷喜欢上了他。就这样，他发现，虽然自己作为男生并没有得到认可，但是作为女生却颇受欢迎。正是这种心态使其后来在性的问题上遇到了麻烦。

第七章

梦与梦的解析

正如我们在前面的章节中所解释的那样，个体心理学认为，意识与无意识一起构成了完整的个体。在前两章里，我们从整体的角度解析了个体意识的组成部分，包括记忆、态度和行为等。现在，我们将以同样的方法解析个体的无意识生活或半意识生活，也就是梦里的生活。之所以采用这种方法，是因为与醒时的生活一样，梦里的生活同样是整体的组成部分。虽然其他心理学流派一直在寻求新的解梦方法，但是我们始终认为，梦是个体心理活动的具体表达。

我们发现，醒时的生活是由个体的优越目标所决定的，而梦里的生活也同样可能受到优越目标的影响。梦永远是生活风格的一部分，其中就包含个体的原型。事实上，只有弄清原型与梦之间的联系，才有望真正理解梦的内涵。同理，如果你非常了解一个人，那么，你十有八九可以猜出他梦里的内容。

比如，从整体来看，我们知道人类其实是一个非常懦弱的物种。有鉴于此，我们就可以推测，人类的梦大都与恐惧、危险或者焦虑有关。如果我们非常了解一个人，并且知道他的生活目标就是逃避问题，那么，不难推测，他在梦中会经常跌倒。对他而言，这种梦就像是一个警告："就此打住吧，你不会成功的。"他以跌倒的方式来表达对未来的看法。很多人都会做同样的梦。

有这样一个具体的案例。患者是一名临近考试的学生，此人的特点是喜欢半途而废。我们因此可以猜出接下来会发生什么。在考试的前一天，他一直提心吊胆、坐立不安，根本无心学习，最后对自己说："时间不够。"于是，他想缓考。梦里，他会不停地跌落。这体现了他的生活风格。所以，为了实现目标，他只能靠做这样的梦了。

再来看看一个成绩优异的学生。他总是信心十足、无所畏惧，从来不会给自己找这样那样的理由。对于这类学生，也不难猜出他的梦里会出现什么样的画面。考试前夕，他会梦到自己爬上一座高山，陶醉在山顶的美景之中，然后，美美地醒来。这是他当前生活状态的一种体现，从中可以看到梦是如何反映其人生目标的。

还有一种人属于限制型人格。这种人做事往往浅尝辄止、有始无终，于是人会在梦里遇到种种限制，会梦到自己无法摆脱人事的纠缠，总会成为别人追猎的对象。

在谈到另一类型的梦之前，必须明确的是，即便有人说出“梦，实在记不住了。不过，想听的话，我可以编给你听”之类的话，心理学家也从来都不会灰心，因为他知道，人的想象力不可能超越其生活风格。编造的梦和记住的梦是一样的，因为想象和幻想同样是生活风格的体现。

作为生活风格的表达方式，幻想不一定要与个体的真实生活完全一致。比如，有些人往往生活在幻想之中，他们在生活中胆小怕事，在梦境里却勇猛无比。不过，常常有迹象表明，这类人也属于虎头蛇尾型的。即便是在那些勇敢的梦中，这一点也表现得十分明显。

梦的目的始终是为个体的优越目标铺平道路。个体的一切症状、行为和梦都是一种“训练”，使其能够发现自己的优越目标——无论这个目标是想成为万众瞩目的焦点，还是希望主宰生活或逃避生活。

梦的目的不一定符合逻辑，或没有如实表达。梦的存在是要制造某种感觉、情绪或者情感，因此，想要完全揭开其神秘的面纱是不可能的。然而，梦里梦外的生活只是程度上的差别，而非性质上的不同。我们发现，面对各种各样的人生问题，心灵所给出的答案总是与千差万别的生活模式有关。这些答案并不符合常规逻辑。不过，为了正常的社交目的，我们要设法让这些答案尽可能地接近正常逻辑。一旦我们摒弃了“梦等同于生活”的绝对观念，梦也就失去其神秘性。此时，梦就成了现实生活的进一步表达。跟现实生活一样，出现在梦中的情景也不是绝对的，也是现实与情感的混合体。

从历史上来看，梦对原始人类来说是非常神秘的。

他们通常认为梦是一种预言，是未来事件的先兆。事实上，这种想法有一半是对的。对于做梦人来说，梦是联结其当前窘境与未来目标之间的一座桥梁。如此一来，梦中的情景常常会变成现实，这是因为个体会在梦中演练自己的角色，因而对即将发生的事情做好充分的准备。

换句话说，梦里的生活和清醒时的生活有着同样的内在联系。一个聪慧敏锐的人能够透过现实生活和梦境生活来预见自己的未来，他要做的就是判断。例如，有人梦见一个熟人去世了。事实上，那个人真的走了。那么，这个做梦人极有可能是一名医生或者是死者的亲人，只不过他把现实中应该思考的问题带到了梦中。

梦的这种亦真亦幻的特点让一些人相信梦是一种预言。其实，这是一种迷信。这样的人通常也会相信其他传言。恰恰是这一点被江湖术士夸大利用，他们总想摆出一副先知先觉的样子，博人眼球。

当然，要想破除这种迷信观念，拨开围绕在梦周围的层层迷雾，首先需要解释一下为什么很多人都无法理解自己的梦境。事实上，即使是在清醒的时候，也很少有人能够真正地了解自己，很少有人能够通过反思来进行自我分析。然而，不具备自我分析的能力，就无法得知自己的走向。因此，对梦的分析比对日常生活的分析更加复杂、更加晦涩，这一点前面已经提到了。无怪乎很少有人能理解自己的梦境，无怪乎他们纷纷带着无知求助江湖术士了。

要想理解梦的逻辑，不应该拿它直接跟日常生活中的普遍行为做比较，而应该拿前面描述的几种典型现象做参照，因为这些现象都是与“私人智慧”或个体的智力水平息息相关的。读者诸君应该记得我们对罪犯、问题儿童以及神经症患者心态的描述，他们为了说服自己面对某种现实，总会刻意制造某种感觉、冲动或者情绪。因此，杀人犯通常会这样自辩：“地球太拥挤了，容不下他了。所以，我就杀了他。”这种“地球太拥挤”的观点在他大脑里不断强化，为他走上谋杀之路埋下了种子。

这种人也许会问：为什么有人衣着光鲜？为什么

自己破衣烂衫？这样的想法顿时让他妒火中烧。因此，“衣着光鲜”便成了他所追求的优越目标。于是，他开始做梦，梦中产生的情绪使他不断接近目标。这一点在流传甚广的诸多梦境中都有体现。比如，《圣经》中的约瑟夫就梦见所有人在他面前卑躬屈膝。现在我们知道，这个梦跟他神奇的五彩衣、跟他最终遭到兄弟驱逐的一幕是多么相符。

另一个众所周知的梦来自希腊诗人西蒙尼德斯。有人邀请他去小亚细亚讲学，他却始终犹豫不决，并一再推迟行期，尽管接他的船已经停在码头了。朋友劝他早点启程，但无济于事。随后，他做了一个梦，梦见了在森林里遇到的一个故人。此人来到他的面前，对他说道：“鉴于你很虔诚，鉴于当初你在森林里对我的关照，我劝你还是别去小亚细亚了。”西蒙尼德斯醒来后说道：“我不去了。”事实上，在做梦之前，他已经有了这个想法。这个梦仅仅是他制造出来的一种情感来支持自己的决定，尽管他对自己的梦也不甚理解。

显然，个体会制造出某种幻觉来欺骗自己，从而营造出自己想要的感觉或情绪，而这通常就是人们能够记住的梦的内容。

西蒙尼德斯的梦让我们想到了一个问题：梦究竟应该如何解析？首先，必须牢记，梦是个体创造才能的一部分。西蒙尼德斯在梦中借助自己的想象力对情节进行了编排，他挑选了一个故人。问题是，在丰富的人生阅历中，这位诗人为什么偏偏选择这个？显然，死亡的阴影一直在他的脑海里萦绕不去，因为他向来害怕坐船。在那个时代，海上航行的确十分危险，所以他才迟疑不决。这说明，他很可能不仅害怕晕船，而且担心沉船。由于死亡的念头牢牢地占据了他的脑海，所以，他才在梦里选择了一个故人的情节。

按照这个思路下去，解梦也就不那么困难了。需要记住的是，所有选择（包括画面、回忆及幻想）都预示着个体心理活动的方向，从中可以看出做梦人的心理倾向及人生目标。

拿一个已婚男子的梦来说吧。该男子对自己的家庭生活不太满意。他有两个孩子，但他总是担心妻子把心思用到别的事情上了，没能好好照顾孩子。所以，他总是责备妻子，并想方设法去改变她。一天晚上，他梦见自己又有了一个孩子，可是孩子丢了，怎么也找不到。他因此责骂妻子，怪她没有把孩子看好。

此处可以看出这名男子的心理倾向：其实，他一直担心两个孩子可能走失，可又没有勇气面对。于是他便在梦里创造了第三个孩子，并让他丢失。

此外，也可以看出，这名男子很爱他的两个孩子，不想失去他们。同时，他也觉得妻子照顾两个孩子很辛苦，根本没有精力来照顾第三个孩子。第三个孩子不应该出现在他的生活里。因此，我们又看到了这个梦的另外一面，那就是做梦人在想："我到底该不该再要一个孩子？"

正是因为这个梦，男子对妻子产生了抵触情绪。尽管没有丢失一个孩子，但他每天醒来都无名火起，对妻子充满怨恨。人们在起床时经常如此，不是抱怨，就是挑剔，这都是在释放梦中产生的不良情绪。这种状态类似醉酒，不像抑郁症，因为抑郁症患者常常沉湎于失败、死亡和迷失的念头中难以自拔。

从这个梦里还可以看出，这名男子选择了对自己来说比较有优势的事情，比如，他会有这样的感觉："我很关心孩子，我妻子却完全不同，所以，才弄丢了一个孩子。"因此，他试图控制别人的倾向就在梦里暴露无遗了。

现代解梦始于一百多年前。最初，弗洛伊德认为，梦是对婴儿期性欲的满足。对此，我们不敢苟同。如果说梦是对性欲的满足，那么，任何事情都可以视为对某种欲望的满足。任何念头都是如此，由潜意识逐渐上升为意识。因此，这种性满足的说法无法具体解释任何东西。

此后，弗洛伊德又提出"死亡欲望"这个概念。然而，以此来解释上面提到的那个梦肯定是行不通的，因为那位父亲根本不希望自己的孩子丢失或者死亡。

事实上，除了前面讨论过的一般假设（精神生活的统一性和梦中生活的情感特征）以外，对梦的解析没有具体的方法。梦的情感特征及其随之而来的自我欺骗具有多种表达形式，因此，梦总是带有对比性和隐喻性的特点。对比是自欺欺人的最佳方法之一。几乎可以肯定的是，如果一个人通过对比来说明问题，不难猜出，他根本无法用事实和逻辑来说服别人，所以，只能借助毫无用处、牵强附会的比较来搪塞了。

诗人也会行骗，不过，方式讨人喜欢。他们使用各种各样的比喻和富有诗意的比较来娱乐读者。不过，可以肯定的是，优美的诗句确实比平常的语言更能震撼读者。例如，如果荷马这样描述一支希腊军队——他们像雄狮一样攻城略地，那么，从理智的角度来看，这种比喻根本就不成立。然而，如果读者当时诗兴大发，便会深受感染。作者让我们相信他拥有神奇的力量，可以妙笔生花。倘若只是单纯地描绘士兵的服装及其携带的武器，则效果大减。

如果人们在解释事情时遇到困难，也会采取同样的做法。例如，如果他发现无法说服你，就会给你打比方。正如前文所说，打比方就是自欺欺人，这就是梦里总是出现某些图像的原因。可以说，梦是一种自我陶醉的艺术。

说来也怪，梦的自我陶醉特征给我们提供了一种避免做梦的方法。如果个体能够理解自己的梦境，并意识到那只是一种自我陶醉，那么，他就可以停止做梦。因此，对他来说，梦也就失去了作用。至少本书作者的情况就是如此。一旦意识到梦的意义，就会立刻停止做梦。

另外，如果真想以此停止做梦，那么个体就必须从情感上做出根本的转变。这也是本人从上一次做梦的经历中领悟到的。那个梦发生在战争期间。因为职责所在，我想方设法阻止某人被送往危险的前线。在梦中，我杀死了一个人，但不知道是谁。于是，我便十分迷惑："我到底杀死了谁？"事实上，我当时一心想着如何保护那名士兵，如何让他处于有利地位，免于战死沙场。这就是我做这个梦的情感基础。但是当我明白了此梦的意义之后，便不再做梦了，因为没有必要为了一件压根就没有考虑清楚的事情去自欺欺人。

这正好可以用来回答那个常见的问题：

“为什么有人从来都不做梦？”那是因为他们不愿意欺骗自己。他们只相信行动，只相信逻辑，而且敢于面对困难。这类人即使做了梦，也会很快忘记；因为忘得太快，所以，就觉得自己从来都没有做过梦。

这就引出了一种理论：人人都会做梦，但大都被遗忘了。如果我们接受这种理论，那么，对于“有些人从来都不做梦”这个问题就会有另外一种解释，那就是，这些人也做梦，但都忘了。我本人并不赞同这种理论。我认为，世界上既有从不做梦的人，也有做了就忘的人。事实上，上述理论很难推翻。然而，要想证明其正确性，恐怕只能有劳创立者本人了。

为什么我们会反复去做相同的梦？这一奇怪的现象至今没有得到明确的解释。然而，重复的梦境一方面让人更加清晰地看到了个体的生活风格，另一方面也准确无误地指出了做梦人的优越目标到底是什么。

至于那些又长又大的梦境，我们认为做梦人本身并没有做好充分的准备。他正在寻找联结其当前窘境与未来目标之间的桥梁。因此，最容易理解的梦还是短梦。

这种梦也许只有一个画面，或者只有寥寥数语，但却能揭示做梦人如何找到欺骗自己的捷径。

至此，可以用睡眠问题来结束本章的讨论了。说到睡眠，很多人会问自己一些毫无意义的问题。他们认为，睡眠是清醒的反面，是“死亡的兄弟”。这些观念其实是非常荒谬的。睡眠并不是清醒的反面，而是某种程度上的清醒。在睡眠中，我们并没有脱离现实生活。相反，我们仍然在思考、在倾听。我们在清醒时的种种特征同样也会出现在睡眠之中。因此，有些母亲不会被大街上的任何噪声吵醒，但是，只要孩子稍有动静，就会立刻醒来。由此可见，即便睡着了，她们的“关注点”也是“醒着”的。不仅如此，我们睡着的时候并不会从床上掉下来。这说明，即使在睡眠中，我们对于“边界”也有着清醒的意识。

个体在白昼和夜间的表现共同构成了完整的个性，这就是催眠术的原理。那些迷信人眼里的魔法现象其实就是一种睡眠方式。只不过在这种睡眠中，个体愿意去服从另一个人，也知道这个人想让他睡觉。一个类似的例子就是，当父母跟孩子说“好了，睡吧”，孩子立刻乖乖地去睡。催眠术之所以会起作用，同样是被催眠的人愿意服从，而且越是愿意服从，入眠的速度也就越快。

在催眠中，可以让个体想象某个画面，产生某种联想，或者回忆某段往事，而这些在其清醒状态时是不会去做的。催眠术只有一个要求，那就是顺从。通过催眠，可以找到某些问题的解决方法，而这些方法可能就隐藏在那些被遗忘的早期记忆中。

不过，作为一种治疗方法，催眠术也存在一定的风险。作者并不推荐催眠术，除非患者对其他治疗方法已不再信任。研究发现，接受催眠的人往往内心都充满了报复情结。一开始，催眠术帮助他们克服了一些困难，但并没有因此改变他们的生活风格。催眠就像药物或者机械手段，病人的本质不会发生任何变化。要想真正帮助一个人，需要给他勇气，给他自信，让他真正认识到自身的错误。然而，这些功能催眠术一样也不具备。所以，若非逼不得已，切勿轻易尝试。

第八章

医治受伤的童年

应该怎样教育孩子？这应该是当前社会最关注的问题了。在这个问题上，个体心理学可以发挥其独特的作用。无论是家庭教育，还是学校教育，目的都在于培养个体的个性、引导其健康发展。正因如此，心理科学为良好的教育方法提供了必要的基础。从广义上讲，我们不妨把所有教育都看成是专注生活艺术的心理学的一个分支。

先从基础谈起。教育最普遍的原则是必须与个体日后的生活目标相一致，这就意味着，教育必须与民族理想相一致。如果儿童教育不能着眼于民族理想，那么，他们在长大以后可能会遇到种种困难，可能难以融入社会。

诚然，民族理想是会发生变化的。这种变化可能来得很突然，比如，革命带来的急变；这种变化也可能来得很缓慢，即由量变到质变。无论如何，这都意味着教育工作者必须胸怀远大的理想。这是一种永恒的理想，能让个体及时进行自我调整，及时适应新的环境。

学校与社会理想之间的关系依赖于学校与政府之间的关系。政府凭借自身的实力使民族理想在学校教育中得以体现。目前，政府还无法介入父母之中或者家庭之中，但是为了维护其自身利益，往往对学校教育实施监督。

从历史上看，不同时期的教育反映出不同时期的理想。欧洲的学校起初是为贵族家庭设立的，它强调的是贵族精神，只有贵族子女才能在那里接受教育。后来，教会接管了学校，贵族学校变成了宗教学校，所有教师均由牧师来担任。再后来，全民对知识的需求不断增长，学校里出现了更多的科目，也需要更多的教师，而这一需求教会实难满足，于是，许许多多的非神职人员开始参与到学校教育中来。

直到近代以前，教师大都是兼职的。除了授课以外，他们还从事着各种各样的职业，如制鞋、裁缝等。显然，他们的教育模式就是棍棒式教育。在这样的学校里，儿童的心理问题很难得到妥善解决。

欧洲的现代教育始于裴斯泰洛齐[1]时代。裴斯泰洛齐是第一位发现除了棍棒之外还有其他教育方法的教师。

裴斯泰洛齐之所以重要，是因为他让人们明白了教育方法的重要性。有了正确的方法，任何一个孩子（智障儿童例外）都可以学会阅读、书写、唱歌以及运算。教育方法是随着时代的变化而变化的，因此，任何人都不能断言自己找到了最好的方法。然而，只要我们一直在探索更新更好的方法，就是正确之道。

回顾欧洲学校的发展史，值得注意的是，在教育方法发展到一定程度之后，社会对具备读、写、运算能力的工人需求大增，对无须时常指导能够独当一面的工人

---

① 十九世纪瑞士著名的民主主义教育家。

更是大加欢迎。当时流行着这样一句口号："让每个孩子都有学上。"如今，实行义务教育，每个孩子都必须上学。这种变化源于经济生活条件的改善以及反映这种经济生活条件的社会理想。

从前，在欧洲，只有贵族才有影响力，而社会只需要官员和劳工两种人。只有准备进入上层社会的人才需要去接受良好的教育，其余的人根本不用上学。这种教育体制反映了当时的民族理想。如今，随着民族理想的改变，教育制度也发生了相应的变化。在当今的学校里，孩子们再也不用把手放在膝盖上，一动不动安静地坐着；在当今的学校里，孩子们是老师的朋友，他们不再受到权威的压制，不需要违心服从，而是可以独立成长。在美国这样的民主国家，这样的学校自然是越来越多，因为学校的发展总是与国家的理想相一致，而这些理想也都具体体现在政府的法规当中。

教育制度与社会理想、民族理想是有机联系在一起的。众所周知，这种联系来自它们的起源和组织形式。然而，从心理学的角度来看，这种联系为学校带来了一种优势。心理学家认为，教育的主要目的是培养孩子的社会适应能力。与家庭相比，学校更容易引导孩子适应主流社会，这是因为学校教育更接近国家的要求，更独立于孩子的好恶之外。学校从来不会纵容孩子，学校的态度更加超然。

家庭里也并非时时刻刻都充斥着社会理想。在家庭里，占主导地位的往往是传统观念。只有当父母自身能够很好地适应社会，只有当他们懂得教育的目标必须与社会理想相一致，社会才能进步。只有当父母对这些道理心知肚明，孩子才能受到正确的教育，才能为上学做好充分的心理准备。这一点跟上学一模一样，因为上学的目的就是为走向社会做好准备，所以，无论是在家庭还是在学校，这才是孩子发展的理想状态，而在此过程中，学校则是引导孩子从家庭走向社会的中间桥梁。

前面的讨论告诉我们，个体在家庭中的生活风格四五岁以后就定型了，很难直接改变，这一事实为现代教育的发展指明了方向。教育不应该是一味地批评和惩罚，而应该是尽力去塑造、培养和发展儿童的社会兴趣；不应该把压制和审查作为手段，而应该尽力理解和解决儿童的个人问题。

当然，鉴于父母与孩子在家庭中的紧密联系，想让父母为了社会理想去教育孩子实属不易。父母教育孩子往往是出于自身利益，这就为孩子日后可能遇到问题埋下祸根。这样的孩子注定会面临巨大的挑战。这些挑战在其入学时就已经出现了，在其步入社会之后将会变得更加严峻。

针对这种情况，有必要对父母进行教育。然而，说来容易做起来难，因为我们不可能像对待孩子一样对待成年人。即便他们愿意合作，也会发现，他们对宏大理想毫无兴趣。他们墨守成规，对宏大理想不闻不问。

既然父母这里“此路不通”，唯一的办法就是另辟蹊径，而学校就是最好的切入点。首先，学校里聚集了大量的孩子；其次，孩子生活风格上存在的问题在学校里更容易暴露出来；再次，学校里的教师应该更加了解孩子的问题。

正常的孩子不需要我们操心，所以也就不需要去干预。对于发育完全、善于社交的孩子，最好的办法莫过于让他们尽情放飞自我。应该让他们去走自己的路，应该相信他们能够找到积极的人生目标，培养自己的优越感。由于这种优越感源自积极的人生，因此与优越情结完全是两码事。

另外，就问题儿童、神经症患者以及罪犯而言，他们的优越感或自卑感全都源于消极的生活。为了弥补内心深处的自卑情结，他们往往会在外人面前表现出一种优越情结。前面说过，每个人都有自卑感。然而，只有当这种感觉异常严重，致使个体选择消极的人生时，自卑感才会变成自卑情结。

这些与自卑或优越有关的问题都源于儿童入学前的家庭生活，因为儿童的生活风格正是在这一时期形成的。为了与成人的生活风格区别开来，我们姑且把儿童的生活风格称为原型。原型就是一枚尚未成熟的果子。如果这枚青涩的果子遇到了问题（比如，生了虫子），那么，果子越成熟，虫子就越大。

我们发现，所谓的虫子或者问题往往源于某个缺损的器官，而由缺损器官带来的困难恰恰成了自卑感的根源。这里，需要记住的是，问题的根源不在于缺损的器官本身，而在于其引发的社会适应不良现象。所以，教育的意义就在于此。通过教育，可以引导个体去适应社会。那样的话，其生理缺陷甚至会变成一种财富。研究发现，生理缺陷可能会在个体心里激发出某种强烈的兴趣，稍加引导，便会对其人生产生重大影响。只要这种兴趣是积极的、向上的，那么，它对个体来说则意义更为重大。

然而，所有这些都取决于有生理缺陷的个体是否能够很好地适应社会。所以，如果一个孩子特别关注视觉或者听觉，那么老师就要注意培养其对于其他感官的兴趣，否则难免会成为同学中的另类。

我们知道，左撇子儿童小时候都显得笨手笨脚。人们通常很少注意到孩子是左撇子，因而也就很少意识到左撇子正是他们显得笨拙的原因。因为是左撇子，他们成了家庭中的另类。调查发现，这些孩子要么争强好胜（这算好的一面），要么焦躁消沉。“问题儿童”入学之后，有的戴鸡佩豚、好勇斗狠，有的情绪低落、狂躁懦弱。

除了残疾儿童以外，娇生惯养的孩子入学以后也会遇到问题。由于学校是分年级的，这就意味着谁也不可能永远成为“焦点人物”。诚然，某个温柔善良的老师偏爱某个学生的情况时有发生。然而，随着孩子从低年级升入高年级，这种偏爱也就不复存在了。而在成人社会中，这种情况就更为突出了，因为在我们的文化中，谁也不可能平白无故地一直成为万众瞩目的焦点。

所有问题儿童都具有某类特征。他们无法很好地面对生活问题；他们野心勃勃，不惜为了自己去打压别人；他们争强好斗，四处树敌。这样的人一般都胆小懦弱，对社会问题兴趣全无，童年时的娇生惯养并没有教会他们如何面对生活中的问题。

此外，上述儿童往往显得谨小慎微、犹豫不决；面对问题，总是拖延逃避，乃至放弃；他们分不清轻重缓急，最终总是一事无成。

与家庭相比，问题儿童的这些特征在学校里表现得尤为突出。学校就像一块试验田，孩子能否适应社会、能否面对问题，一试便知。错误的生活风格在家庭中也许可以蒙混过关，但在学校里则会暴露无遗。

无论是娇生惯养的孩子，还是先天残疾的孩子，问题儿童都希望生活中的问题能自生自灭，这是因为强烈的自卑感夺去了他们面对困难的勇气。然而在学校里，可以通过控制难易程度，让他们逐渐学会解决问题的方法。只有这样，学校才真正成为教书育人之所，而非填鸭灌输之地。

除了上面两种问题儿童以外，也不能忘记遭人厌恶的儿童。这类儿童通常相貌丑陋，身患残疾，言谈举止频频出错。他们在生活中往往一筹莫展，在学校里面临的问题最多。

因此，无论愿意与否，学校里的教职员工都要及时了解这些问题，并找出相应的解决方法，使之成为学校管理当中一个重要的环节。

除了这些典型的问题儿童以外，学校里还存在着另一类特殊儿童，即天才儿童。有时，由于他们在很多科目中都表现优异，因而显得十分突出。他们个个思维敏锐、雄心勃勃，常常不受同学待见。儿童似乎一眼就能看出来哪个同学是否合群，因此，天才儿童虽然令人钦佩，却并不招人喜欢。

许多天才儿童都以优异成绩顺利毕业，这一点不难理解。然而，当他们进入社会之后却感到十分茫然，面对社交、工作和婚恋三大问题，常常束手无策。此刻，原型时期发生的事情全都显现出来了。由于儿时未能很好地适应家庭生活，因此，出现今天这样的后果也就不足为怪了。当初，他们在家庭中处于非常有利的地位，所以，生活风格中存在的问题也就没有显现出来。如今，一旦出现新的情况，问题立刻暴露无遗。

有趣的是，诗人们早已看到了这些问题之间的关系。很多诗人和戏剧家都在他们的戏曲作品和浪漫故事中描述过此类人物纷繁复杂的生活流，比如，莎士比亚笔下的诺森伯兰就是一个典型的例子。作为一名心理学大师，莎士比亚把诺森伯兰刻画成一个对国王忠心耿耿的人物，可是，当真正的危险来临时，他却背叛了国王。莎士比亚懂得，人的真实生活风格在逆境面前就会显现出来。但生活风格在很早之前就已经形成了，而非逆境造就的。

就天才儿童的问题而言，个体心理学所提供的解决方案与应对其他问题儿童的方法是一样的。个体心理学坚信："天生我材必有用。"这是一句颇为民主的格言，却大大挫伤了天才儿童的锐气。天才儿童往往背负着众人的期望，身不由己地向前跋涉，并因此变得过于自我。笃信这一格言的父母可以培养出非常优秀的孩子，而且，这些孩子也不会变得自命不凡或眼高手低，因为他们明白，自己所取得的些许成就一方面源自日常的培训，另一方面源自上天的眷顾。如果能够坚持培训，别人能够做到的，他们照样能够做到。而对于那些没有得到很多正面影响、没有受过良好教育培训的孩子，只要老师能够帮助他们正确理解这个方法，同样可以取得不俗的成绩。

第二类孩子也许早已失去勇气，心里充满了自卑感。因此，要尽量保护他们，免受这种情绪的影响。毕竟，谁也无法长期忍受自卑的折磨。入学前，这些孩子并没有遇到过太多的麻烦。如今，面对一大堆困难，他们要么想逃学，要么想退学，这一点不难理解。他们认为，上学根本没有前途。如果这种想法是正确的，那么，我们不得不承认，他们的选择是非常明智的，是情理之中的。然而，个体心理学并不认可这种想法。他们认为，每个读书的孩子都有前途，每个人都能有所成就。错误是难免的，但是犯了错误可以纠正，所以，学习可以继续下去。

然而，这种情况通常都没能得到妥善处理。孩子一旦在学校遇到困难，孩子的母亲马上就会变得异常关注、异常焦虑。面对一张不满意的成绩单，面对孩子在学校里受到的批评指责，家长的过度反应只能把事情搞得更糟。常常会有这样一种情况：某些孩子在家里表现得相当不错，可到了学校便判若两人。这是因为一旦与家人失去联系，一旦没有了家人的宠爱，这些孩子内心深处的自卑情结就开始作祟。此时，孩子便开始怨恨一向娇惯自己的母亲，觉得她欺骗了自己，觉得她没能像往常一样站出来保护自己。面对新的环境，他焦虑万分，早已把母亲日常的关心宠爱忘得一干二净。

我们常常发现，有些在家里争强好胜的孩子到了学校却非常安静，甚至十分消沉。有时，孩子的母亲会对老师说："这孩子一天到晚缠着我，又吵又闹的。"而老师却说："他一天到晚非常安静，坐在那里一动不动。"有时，情况则恰恰相反。母亲说："孩子在家里很安静，很听话。"而老师却说："他把我的课堂全搅和了。"这种情况其实不难理解。孩子在家里是全家关注的焦点，因此表现得很安静、很谦逊；而在学校里，根本没有人关注他，所以，他才惹是生非。当然，反过来也是一样。

例如，有个八岁的女孩，很受同学欢迎，而且还是班长。然而，她的父亲却对医生说："这孩子是个虐待狂，十足的小霸王，我们再也受不了了。"为什么会这样呢？她是家里的老大，可是，家人都很软弱。只有这样的家庭才会备受孩子的折磨。随着老二的到来，女孩感受到了威胁，可是，她想继续成为全家关注的焦点，于是便开始吵闹。在学校里，她很受重视，无须折腾，自然就表现得很好。

有些孩子无论是在家庭里还是在学校里都问题多多。家长和老师都纷纷抱怨，结果孩子的问题越发严重。有些孩子无论是在家庭里还是在学校里都邋里邋遢，不修边幅。如果孩子在家庭里和在学校里所表现出来的问题是一样的，那么就需要到孩子的过去里去找原因。无论如何，只有综合考虑孩子在家庭里和在学校里的表现，才能对其问题做出准确的判断。也只有这样，才能正确了解孩子的生活风格和人生走向。

有时，适应性很强的孩子，在学校里遇到新情况时，也会显得不知所措。一般来说，这是因为学校里的师生对他报以敌视态度。就拿一个欧洲的例子来说吧。一个平民出身的孩子进了一所贵族学校。他之所以进了那所学校，是因为父母非常有钱，而且非常自负。然而，由于他是平民出身，学校里的同学都不待见他。结果，这个从前娇生惯养、左右逢源的孩子突然发现自己周围全是敌视的目光。有时，同学们的残忍程度令人咋舌，远远超出了一个孩子的承受能力。大多数情况下，因为感到羞耻，孩子并不向父母提起自己在学校里的遭遇，只是自己默默地承受着这一切。

当这类儿童到了十六岁或者十八岁必须像成人一样步入社会直面人生时，他们却常常因为早已丧失了生活的勇气和希望而突然停滞不前。除了社交障碍以外，他们在婚恋问题上也同样是力不从心、束手无策。

面对这些情况，应该如何处理呢？事实上，这类人缺少宣泄的渠道。他们要么真的与世隔绝，要么自我感觉如此。有的人会选择自杀，希望用伤害自己的方式来伤害别人。也有的人希望自己消失，于是便躲到疯人院里，连之前仅有的一点社交能力也都退化了。他们说话的方式稀奇古怪，从不与人接触，把整个世界都当成了敌人。这是典型的“精神错乱”。要想帮助这样的人，必须设法让他们重新鼓起生活的勇气。这种病例非常棘手，但也并非无药可救。

要想解决儿童教育方面的问题，首先要对儿童的生活风格做出诊断。因此，有必要回顾一下个体心理学所提出的诊断方法。弄清个体的生活风格有助于解决方方面面的问题，这在教育实践中显得尤为重要。

除了直接研究儿童的早期成长经历以外，个体心理学还提出了另外一些方法，比如，询问儿童的早期记忆以及与未来职业有关的种种幻想，观察儿童的身体姿态和肢体动作及其在家庭中的出生顺序。虽然这些方法前面均已讨论，但是有必要再次强调一下出生顺序的重要性，因为个体的出生顺序与其日后的教育发展有着更为密切的关系。

说到出生顺序的重要性，我们知道，长子一度是家庭里关注的焦点，拥有绝对的优势，只是后来丧失了这种地位，从而失去了这种优势。与其不同的是，其他孩子的心态比较稳定，这完全是由他们不是长子这一事实所决定的。

我们发现，长子中间普遍流行一种保守的观念。在他们看来，掌权者应该永远掌权。就他们而言，失去权力完全是一场意外，他们对权力始终都非常憧憬。

次子的境况则完全不同。他们从来都不是家庭里的焦点，前面始终有一个榜样，他们总想追上这个榜样。虽然不承认权力，但是，他们却希望风水轮流转。就像在比赛中一样，他们总有一种向前的冲动。不难看出，他们一举一动完全是为了追上前面的目标。他们总想改变科学规律和自然法则，他们是真正的“革命家”。这里的“革命”与政治无关，而是体现在其对待社交和同伴的态度上。《圣经》中雅各和以扫的故事就是一个很好的例子。

如果老幺出生时其他孩子都已经长大，那么，老幺的处境就会跟老大一样。

从心理学的角度来看，老幺在家庭中的地位是相当有趣的。所谓“老幺”，当然意味着他永远是家里最年幼的孩子，再也不会有“后来人”。这样的孩子处于非常有利的地位，因为他们永远不会被谁取代。次子的地位可能会受到动摇，就像长子的悲剧一样。然而，老幺永远不可能遭遇同样的情况，因此，处境最为优越。我们发现，在同等条件下，老幺的发展往往最好。他与次子的相似之处在于，他也是精力充沛、劲头十足，一心要超过哥哥姐姐，而且，他的身旁永远都不缺榜样。但是，他通常会选择一条与其他家庭成员完全不同的人生道路。如果家人都是科研人员，那么，他很可能会成为音乐家或者商人；如果家人都是商人，他很有可能成为诗人。总之，他一定要标新立异、与众不同。由于独辟蹊径比与家人同台竞技来得容易，所以，他会选择不同的领域，这显然说明他缺乏勇气。假如他勇气十足，一定会在同一擂台与人一决雌雄。

需要指出的是，根据个体出生顺序所做的预测只代表一种倾向，而非必然结果。一方面，如果长子非常聪明，那么，其地位根本不会受到次子的威胁，因而也就不会遭遇什么悲剧了。这样的孩子能很好地适应社会，其母亲有可能会把他的兴趣推广到其他孩子身上，包括新出生的婴儿。另一方面，如果长子十分强大，无法征服，那么，次子的处境就更加艰难了，他可能会因此成为问题儿童，或会因此丧失勇气和希望，从而沦落到最糟糕的境地。众所周知，在比赛中，最为重要的是获胜的希望。希望一旦破灭，一切也就结束了。

独生子女也有独生子女的悲剧，因为在整个童年时期他们都是家庭的中心，因此，其生活目标也就是成为众人瞩目的焦点。他们不按常理出牌，一切以自己的生活风格为准绳。

在女孩众多的家庭里，作为唯一的男孩处境非常困难，这的确构成了一大难题。普遍认为，在这种环境中长大的男孩女里女气，不过，这种看法着实有些夸张。毕竟我们都是由女性养育成人的。然而，在这样一个以女性为主的家庭中成长确实要面临不少问题。走进一间房子，马上可以断定这个家庭是男孩多还是女孩多，而依据就是家具的陈列情况、房间的安静程度以及物品的存放秩序。如果家里的男孩多，那么，破损的东西就会多；如果家里的女孩多，那么，房间就会干净得多。

在这种家庭环境中成长的男孩往往会努力让自己显得更有男子雄风，且会极力夸大性格中的男性特征，否则，他真的可能会像家里的姐妹一样阴柔有余、阳刚不足。总之，这类男孩要么非常温和，要么十分狂野，而后者其实是在努力证明并强调自己的男性身份。

而在男孩众多的家庭里，作为唯一的女孩也会面临很多问题。她可能非常文静，处处散发着女性的柔美；也可能变成一个地地道道的假小子，男孩做啥她做啥。就本案例而言，女孩的自卑感非常明显，因为她处在一个以男性为主导的环境当中。之所以自卑，就在于她是这个环境当中“唯一”一个女流之辈，而“唯一”二字就是自卑情结最好的诠释。为了补偿这种自卑情结，她在衣着打扮上竭力模仿男性。如此一来，成年之后，她可能会像男性一样处理两性关系。

在结束本章之前，我们再来谈谈一种特殊情况，即家庭中的第一个孩子是男孩，第二个孩子是女孩。在这种情况下，两个孩子之间始终存在着激烈的竞争。女孩不得不奋力拼搏，这不仅因为她是第二个孩子，而且还因为她是一个女孩。她刻苦努力、积极进取，最终成为第二个孩子中出类拔萃的一批人。这样的女孩精力充沛、独立自主，方方面面都直逼男孩。众所周知，无论是在生理上还是在心理上，女孩都比男孩发育得早。一个十二岁的女孩往往要比同龄男孩成熟得多。男孩看到了这一点，却不知所以。因此，他们感到自卑，想要放弃。他们不再进步，甚至开始逃避。有时他们在艺术中寻求庇护，有时则会变得神经兮兮、胡作非为，甚至痴痴狂狂，完全无力与女孩同台竞争。

即便相信“天生我材必有用”这一观念，上述问题也很难得到妥善解决。我们所能做的就是让男孩知道，他的妹妹之所以优秀，是她付出得更多，而且在此期间找到了更好的办法。当然，我们还可以尽力引导兄妹两人进军不同的领域，从而减少彼此之间的竞争。

第九章

不完美的社交

个体心理学的目标是帮助个体适应社会，这似乎是一个悖论。如果说它是一个悖论，那也仅仅是个表述的问题而已。事实上，只有关注个体具体的心理状况，才能意识到社会因素是何等重要。只有在社会这个大背景下，个体才能成其为个体。在其他心理学流派中，个体心理学与社会心理学是完全不同的两个范畴，但是，在我们看来，二者之间没有明确的区别。到目前为止，所有讨论都是围绕着个体生活风格分析展开的，而所有分析都是从社会角度出发的，其目的也是为社会服务的。

现在，我们将重点放在社会适应这一问题上。虽然讨论的现实是一样的，但是我们关注的却不再是生活风格的诊断，而是生活风格的具体体现以及如何通过有效途径改善个体的行为。

上一章主要讨论了儿童的教育问题，本章将在此基础上分析儿童的社交问题。学校和幼儿园都是现实社会的缩影，因此，我们可以在这些简单的社会形态中研究社会适应不良的问题。

以一个五岁男孩的行为问题为例。一位母亲找到医生，抱怨说，她的儿子特别好动，一刻也不闲着，非常麻烦。她把精力全都花在他的身上了，一天下来筋疲力尽。她说她再也忍受不了了，要是可以的话，真想把他从家里赶出去。

通过男孩这些行为细节，我们可以很容易地“认同”他，并设身处地地为他着想。如果说一个五岁孩子过度活跃，我们很容易就能猜出他的活动模式或行为准则。在这样的年龄，一个过度活跃的孩子都会有哪些举动？他会穿着笨重的鞋子爬到桌子上；他会脏着身子四处走动；如果母亲想要看书，他会不停地开灯关灯。另外，如果父母想要一起弹琴唱歌，你猜他会怎么着？他会扯着嗓子乱喊乱叫，或者捂住耳朵，硬说自己不喜欢这种噪声。如果自己的愿望没有得到满足，他就会乱发脾气大吵大闹。关键是，他的要求永远没完没了。

如果幼儿园里发现这样的孩子，那么可以肯定地说，这个孩子很不安分，他的一举一动就是为了挑起是非。他一天到晚焦躁不安，弄得父母心力交瘁。这个孩子永远不知道“疲倦”二字，因为与父母不同的是，他不用去做自己不喜欢做的事情。他只负责“心浮气躁”，只想让人围着他转。

下面这个例子很好地说明了这个男孩是如何设法博得眼球的。有一天，他被带去参加一个有他父母参演的音乐会。当父母唱到一半时，他突然高声喊道：“嘿，爸爸！”而且边喊边绕着音乐厅转圈。也许有人可以猜出男孩的用意，但其父母对此却不甚了了。虽然其举止有些怪异，其父母却没发现任何异常。

然而，从这个层面来说，他确实是十分正常的。他精心拟订了一个计划，而且按部就班、严格执行。假如我们了解他的计划，就能猜出他下一步的行动。所以说，他绝对不是一个意志薄弱的孩子，因为意志薄弱的人不可能制订出如此周密的计划。

每当母亲在家里接待客人或举办宴会时，他要么把客人从椅子上推下去，要么去抢客人正要去坐的椅子。可见，他的这些行为与其原型和生活目标是一致的。他的生活目标就是要高高在上、控制他人，而且要始终霸占父母的注意力。

可以断定，这曾经是一个娇生惯养的孩子。如果能够继续受宠，就不会故意捣乱。换句话说，如今，他变成了一个失宠的孩子。

那么，他究竟是如何失宠的呢？答案是，他一定有了一个弟弟或妹妹。五岁那年，他发现自己的处境变了，感到自己的中心地位动摇了，便千方百计要把它夺回来。这也就是他时时刻刻缠着父母的原因。还有一个原因，那就是，这个男孩没有对新的情况做好准备。作为一个被宠坏了的孩子，他从来没有培养起任何集体感。也就是说，他根本不懂得如何适应社会。他只对自己感兴趣，只关心自己的幸福。

当问及男孩如何对待自己的弟弟（妹妹）时，他母亲总是坚称他很爱自己的弟弟（妹妹）。只是有一点，每当他们一起玩耍时，他总会把弟弟（妹妹）推倒在地。根据这样的行为，完全可以断定，男孩根本不爱自己的弟弟（妹妹）。

为了充分理解这种行为背后的意义，我们应该将其与偶尔好斗的孩子进行比较，这种好斗的孩子并不少见。他们虽然好斗，但并非不停地折腾，他们个个都很聪明。他们知道，如果经常闹事的话，父母肯定会出面制止。于是，他们渐渐改掉了争强好斗的坏毛病，好好做人。不过，老毛病还是偶尔会露头。正如前面提到的例子，男孩在跟弟弟（妹妹）玩耍时，常常把弟弟（妹妹）推倒，而这才是他玩耍的真正目的。

那么，这个男孩对待自己母亲的态度又是怎样的呢？如果母亲揍他的屁股，他就会嬉皮笑脸地说，一点也不痛；如果母亲下手稍重一点，他就会老实一会儿。可是，过不了多久，他就又开始瞎折腾了。可见，男孩的目标决定了他的行为，而他的行为又都指向了他的目标，因此，我们可以预测他的行为。相反，如果原型不是一个整体，如果不知道原型的目标，那么就根本无法预知他的行为。

假设这个男孩要开始自己的生活了。比如，他上幼儿园了，我们可以预料到他在幼儿园里会有怎样的表现。再比如，他被带去听音乐会，我们也可以预料到他在音乐会上会有怎样的举动，而这一点实际上已经得到了验证。一般来说，如果身边的人比较弱，他很快就会掌控全局；如果身边的人比较强，他就会去奋力争取。所以，如果碰上严厉的老师，他可能很快就要离开幼儿园。在这种情况下，男孩可能会寻找各种托词。他可能会一直处于紧张状态，而持续紧张会引发头痛、烦躁等。这些都是神经症的早期症状。

相反，如果环境轻松愉快，他会觉得自己是万众瞩目的焦点。在这种情况下，他甚至可能成为学生领袖，成为真正的胜者。

正如大家所看到的那样，幼儿园是一个社会机构，同样也存在着各种各样的社会问题。个体要学会面对这些问题，因为每个社会都有自己的公序良俗。儿童要努力成为这个小社会中有用的一员，就必须学会关心他人。

在公立学校，同样的情形也一再发生。不难想象，像男孩这样的儿童会出现什么问题。如果换成私立学校，事情会变得容易一些，因为一般而言，私立学校的人数会少一些，学校对学生的关注也会多一些。在这样的环境中，也许谁也不会发现他是一个问题儿童。老师们甚至会说："这是我校最聪明的孩子，最好的学生。"他也许会成为班长，在家里的行为也会得到改变，因为在某一方面出人头地已经让他感到心满意足。

如果孩子的行为在入学以后有了明显的转变，那么，可以肯定，班级环境对他来说相当不错，他也因此找到了优越感。然而，事实通常会恰恰相反。那些在家里乖巧可爱的孩子往往会把班里搞得乌烟瘴气。

在上一章里，我们说过，学校是维系家庭和社会之间的桥梁。据此，可以理解上面提到的那类男孩步入社会以后会出现什么问题。社会不会像学校那样舒适惬意。人们常常纳闷：为什么在家庭和学校里表现优异的孩子进入社会以后却一无所能？我们见过很多问题成人，他们患有神经症，最终都变成精神错乱了。大家对此感到困惑，因为在成年之前，这些患者的生活环境都非常优越，因此，原型中存在的问题没能及时显现出来。

为此，要学会识别舒适环境掩盖下的原型错误，至少，要意识到它的存在，虽然问题难以辨认。一般来说，可以通过以下症状加以识别：一个缺乏社会兴趣却又总想博人眼球的儿童，通常会把自己弄得邋里邋遢，并以此来霸占别人的时间；他不愿意睡觉，夜里会哭闹，甚至会尿床；他会装出一副焦虑不安的样子，因为他发现焦虑是一种强大的武器，可以用来胁迫他人，任其摆布。一旦条件允许，这些症状就会出现。找到这些症状，就可以得出正确的结论。

现在，来看看这个有着错误的原型的男孩十七八岁或接近成熟时的样子吧。他的过去是一片荒原，我们对此所知甚少，所以，无法对其做出评估，因而其人生目标和生活风格也就变得扑朔迷离。但是，步入社会之后，他不得不面对人生的三大问题，即社交问题、职业问题和婚恋问题，而这些问题又牵扯到个体生活中方方面面的关系。社交问题涉及我们对待他人的行为、对待整个人类以及人类未来的态度。这个问题关系到人类的存续和救赎。事实上，个体的生命是非常有限的，人类只有团结起来，生命才有望延续下去。

至于职业问题，可以通过孩子在学校里的表现加以判断。可以肯定地说，如果男孩想凭借工作变得高人一等，那么，他的愿望就很难实现。谁也无法找到一份无须听命于人、完全单打独斗的工作。由于我们所说的这个男孩只关注自身的利益，因此他很难在一个从属的位置上表现出色。不仅如此，这种人在职场上也很难赢得信任，因为他永远不会为了集体利益而牺牲个人利益。

一般而言，事业的成功依赖于对社会的适应程度。在职场上，若能做到急他人之所急，想他人之所想，绝对是一大优点。这样的人一定会步步登高甚至扶摇直上。然而，我们所讨论的这个男孩则绝对不会如此，因为他只关心自己的利益。在职场上，他的能力有限，因此只能以失败告终。

在大多数情况下，我们发现，这样的人从未完成职场准备，或者说，起步太晚。他们可能已经到了而立之年，却始终没有明确的人生目标。上学时，他们不断变换专业；工作后，又不断变换岗位。所有这些足以说明，无论如何，他们都是进退失据、无所适从。

有时，可以看到一名十七八岁的年轻人，虽然非常努力，但却非常迷茫。对于这样的人，最重要的是予以理解，并在职业选择方面为他献计献策。如此一来，他可能还会对某些事物产生兴趣，并从头开始学习训练。

另外，一个男孩到了这个年龄还不知道自己的人生目标，的确让人感到不安，他们常常一事无成。所以，家长和老师都应该在孩子到达这个年龄之前努力引导他去思考未来的职业目标。在学校里，老师可以通过布置作文作业的方式来达到目的。比如，出个作文题：长大以后我想做什么？为了完成作业，学生就必须直面这一问题。否则，当这一问题真的摆在面前时，就有点措手不及了。

年轻人需要面对的第三个问题就是婚恋问题。既然人分男女，那么，婚恋问题自然就非常重要了。假如人类只有一种性别，事情就完全不同了。既然事实并非如此，我们就必须学会如何跟异性相处。有关婚恋问题，将在后面的章节里详细分析。这里，只是有必要说明一下婚恋与社会适应之间的关系。缺乏社会兴趣不仅会导致社交问题和职业不适，也会引发异性交往障碍。一个自我至上的人是根本无法踏入二人世界的。事实上，性本能的主要目的之一似乎就是要把自我从狭小的世界中拉出来，为社会生活做好准备。但是，从心理学的角度来看，我们应主动去拥抱性本能。除非我们决定忘记自我、融入社会，否则，性本能根本无法发挥其应有的作用。

至此，我们可以给之前一直讨论的这个男孩下个结论了。我们看到，这个男孩正面临着人生的三大问题，他绝望无比，生怕失败。之前，为了所谓的优越目标，他尽量回避生活中的种种问题。那么现在，他还剩下什么呢？他不肯融入社会，对人充满敌意，结果变得疑神疑鬼、自我封闭。正是由于他对别人毫无兴趣，因此毫不顾及自己的形象，常常是蓬头垢面、衣衫褴褛，看上去活脱脱一个精神病人。众所周知，语言是社交活动中必不可少的交流工具，但是，他却三缄其口、沉默寡语，而这恰恰是精神分裂症的典型特征。

就这样，他画地为牢，把所有问题都隔离在外，最后只能栖身精神病院。他的优越目标导致他与世隔绝，改变了他的性驱力，让他彻底失常。有时，他竟想一飞冲天，幻想自己是耶稣基督或皇帝。他就是在这些荒诞不经的幻想中实现自己的优越目标的。

我们常说，生活中的所有问题，归根结底，都是社会问题。无论是在幼儿园还是在公立学校，无论是在友谊、政治还是经济生活中，概莫能外。很显然，我们的所有能力都是聚焦社会的，都是为全人类服务的。

我们知道，社会适应不良的根源在于个体的原型。问题是，应当如何进行及时补救呢？如果父母不仅懂得如何预防原型中的大错，而且还懂得如何通过细微的症状来对原型中的小错进行及时的诊断和纠正，那么，对于孩子来说，这不啻一份沉甸甸的厚礼。事实上，想要做到这一点并不容易。很少有父母愿意主动学习、主动规避错误，他们对心理学和教育学丝毫不感兴趣。他们要么纵容孩子，对胆敢指出孩子毛病的人横眉冷对；要么干脆就不关心孩子。因此，通过家长很难有所收获。同时，也不能指望在短时间内能让他们有所领悟。要想让他们开窍，并非一日之功。所以，与其如此，还不如让医生或者心理学家直接介入。

除了医生和心理学家的个人努力之外，最好的结果只能通过学校教育来实现。孩子的原型错误往往都是在入学以后才表现出来的。懂得个体心理学的教师可以在短时间内发现错误的原型。她不仅能看出一个孩子是否合群，是否努力想成为关注的焦点，同时，还能看出他是胆识过人还是胆小如鼠。一个训练有素的教师可以在一周内发现所有孩子的原型问题。

从教育的社会功能来看，教师更有能力去纠正孩子的错误。人类之所以创办学校，就是家庭教育根本无法满足社会对人才的需求。学校是家庭的延伸。在学校里，孩子的性格得以养成，孩子面对生活问题的能力得到培养。

教师应当具备相关的心理学知识，以便更好地履行自己的职责。未来，个体心理学必将成为学校办学理念的主导内容。毕竟教育的目的是培养学生的个性。

第十章 社会适应不良

我们知道，社会适应不良是因为个体感到自卑并追求优越所引起的社会后果。“自卑情结”与“优越情结”这两个术语本身已经揭示了社会适应不良所带来的后果。无论哪种情结，都与胚质无关，也与血缘无关，只是个体与环境相互作用的结果。然而，为什么并非所有的人都具有这些情结呢？事实上，人人都有自卑感，人人都会追求成功、追求优越，而这正是构成个体精神世界的必要因素。之所以不是人人都陷入这些情结当中，那是他们的自卑感和优越感受到某种心理机制的制约，成了积极的社会因素。这种心理机制包括社会兴趣、勇气胆识、社会情感以及社会共识等。

现在，我们来讨论一下这一心理机制的功能与失效问题。其实，只要自卑感不是太重，每个孩子都会努力成为有价值的人，或者说，成为生活中有用的人。为此，他们会去关注他人。社会情感和社会适应是由此产生的正确和正常的补偿。从某种意义上来说，任何人——无论是儿童还是成人，对优越的追求势必会导致这样的发展趋势。任何人都不会发自内心地说："我对谁都不感兴趣。"也许，他会表现出对谁都满不在乎的样子，但却无法自圆其说。实际上，他往往会特意声称自己对他人很感兴趣，目的是为了掩饰自己对社会适应不良的问题。这恰恰是对社会情感普遍性的无声证明。

但是，社会适应不良的确是一个普遍存在的问题。我们可以通过"边缘案例"来研究这一问题的起源。所谓"边缘案例"，指的是虽然自卑情结的确存在，然而，由于个体处于非常有利的环境，所以症状没有表现出来。在这种情况下，自卑情结处于隐蔽状态，或者说，具有一种隐蔽倾向。因此，如果个体没有遇到困难，便会表现出非常满意的样子。不过，仔细观察就会发现，尽管在言语和观点上看不出来，但是他的态度却清楚地表明他其实是非常自卑的。这就是所谓的自卑情结，是自卑感放大的结果。饱受自卑情结困扰的人往往会想方设法从负担中解脱出来，而所谓的负担恰恰是自我至上的情结强加给自己的。

有趣的是，有些人会努力隐藏自己的自卑情结，而另一些人则会大大方方地承认："我有自卑情结。"承认自己有自卑情结的人常常因为自己的坦诚而扬扬自得。他们觉得自己非常伟大，因为他们承认了别人不敢承认的事情。他们会自言自语道："我很坦诚。我毫不隐瞒自己的病因。"然而，与此同时，他们又会暗示自己生活中存在着这样那样的问题，正是这些问题使自己陷入了自卑情结。他们可能会抱怨自己的父母或者家庭，抱怨自己没有接受良好的教育，抱怨自己遭遇的事故或受到的压制。诸如此类，不一而足。

自卑情结常常会隐藏在优越情结的背后，而后者则是前者的补偿。这样的人往往傲慢无礼、自负势利。他们喜欢做表面文章，脆而不坚、浮而不实。

这样的人在早期的求索中也许遭遇过怯场的问题。从此以后，他们便会以此为由，为自己的种种失利辩解开脱。他们常常会说："要是不怯场，哪有我干不成的事啊！"这种动辄把"要是如何如何"挂在嘴边上的人往往都有着深深的自卑情结。

自卑情结也许会表现为以下症状：油头滑脑、谨小慎微、迂腐卖弄、逃避生活中的重大问题或追求限制多多的狭窄行动场域。如果一个人总是拄着拐杖，这也说明他有自卑情结。这样的人不相信自己，往往会有一些奇怪的爱好。他们常常忙于一些鸡毛蒜皮的小事，不是整理报纸，就是收集广告，而且总能为自己这种浪费时间的行为找到大把理由。他们在无益的事情上耗费了大量的精力，长此以往，必将导致强迫性神经官能症。

无论表现出来的是哪一类问题，所有问题儿童都存在自卑情结。懒惰是为了逃避生活中的重要事情，盗窃是在钻环境漏洞或找他人疏忽的空子，撒谎是缺乏说实话的勇气……所有这些都是自卑情结的症状。总之，儿童各类问题的核心都是自卑情结。

神经症是自卑情结发展到一定程度的结果。人一旦患上了焦虑症，什么离奇的事情都可能做出来。他也许老想有人陪伴左右。果真如此，他就算成功了。他需要别人不断的支持，并因此霸占着别人的时间。至此可以看出，自卑情结成功地转化为优越情结。人人都必须为我服务！在让别人服务的过程中，神经症患者体会到了优越感。精神错乱的人身上也会表现出类似的特点。当自卑情结导致的自我封闭使他们陷入困境时，他们便把自己想象成伟人，并以此获得一种虚幻的成功。

在所有与自卑情结或优越情结相关的案例中，无法通过有效的社会渠道发挥作用都是由于个体缺乏勇气所致，而勇气的缺乏又让他们偏离了正常的社会渠道。与此同时，还出现了认知上的偏差，而认知上的偏差又让他们无法理解社会渠道的必要性和重要性。

所有这些都在罪犯的行为中得到最清楚的说明。这些罪犯都是非常自卑的人，通常是既懦弱，又愚钝。作为同一种倾向的两个方面，他们个性方面的懦弱与社交方面的愚钝合二为一。

我们可以按照同样的思路对酗酒者进行分析。酗酒者总想摆脱困境。然而，由于内心十分懦弱，只能通过消极的方面寻求满足。

这些人的思想观念和知识观念与社会共识截然不同，而社会共识是正常人积极勇敢的人生观的一部分。比如，罪犯不是为自己辩解，就是把责任推给他人。他们抱怨工作条件差，待遇也不好；他们一会儿说社会很冷酷、没人支持他们，一会儿又说当时实在是饥渴难耐、不由自主。在审判中，他们总是千方百计寻找借口，为自己的罪行开脱，就像谋杀儿童的希克曼一样，妄称“这都是上天的旨意”。再比如，另一个杀人犯在被判处死刑时说：“我杀个孩子怎么啦？世界上孩子多了去了！”更有甚者，一名所谓的“哲人”竟然宣称：“世界上有那么多有用的人在挨饿，杀个有钱的老太婆算得了什么？”

这种逻辑不堪一击。正如缺乏勇气限制了他们对目标的选择一样，他们的整个世界观都受到无益的社会目标的制约，因此，他们不得不时时处处为自己正名。相反，一个对社会有益的人生目标是不言而喻的，无须任何理由，无须任何解释。

让我们用几个临床案例来说明一下社会态度和社会目标是如何走向反面的。第一个案例是个女孩，年龄在十四岁左右。她生长在一个诚实的家庭里。父亲非常勤劳，只要有一丁点力气就干活养家，可是，后来他病倒了。母亲是贤妻良母，非常疼爱自己的六个孩子。家里的第一个孩子是个女孩，非常聪明，只可惜十二岁时就去世了。第二个女孩身体不好，但后来康复了，并且，找到了工作，努力挣钱贴补家用。接下来，就是我们要讨论的主角。她身体很好，没病没灾。由于母亲一直忙于照顾另外两个生病的孩子和自己的丈夫，所以，很少顾及她。为了方便起见，我们姑且叫她安妮吧。安妮还有一个弟弟，虽然也很聪明，但是身体虚弱。结果，安妮发现，自己夹在了两个备受宠爱的孩子中间。她觉得父母好像并不怎么待见她。父母对她的忽视让她感到十分压抑。

然而，安妮在学校里的表现却可圈可点。她是班上最好的学生，因为成绩优异，老师建议她跳级。结果，不到十四岁她就上了中学。在那里，她遇到了一位不喜欢她的老师。也许一开始她的表现便不尽如人意。后来，由于得不到赏识，她的成绩越来越差。以前，她深受老师赏识，所以，什么问题也没有。老师对她的评价都很高，同学也都很喜欢她。但是即便如此，个体心理学家还是可以通过觉察她的朋友圈发现问题。她总是指责自己的朋友，总想控制他们。她想成为大家关注的焦点，喜欢听好话，不喜欢听刺耳的声音。

安妮的目标就是要得到别人的赏识、宠爱和关照。她发现，只有在学校里才能实现这一目标，在家里根本行不通。可是，上了中学以后，她却发现，大家不再赏识她了。老师责备她，说她根本不具备升学条件，一味给她差评。学校里也不能得到赏识，她开始逃学，并且一逃就是好几天。等她再次回到学校时，情况变得更加不堪。最终，老师建议她退学。

让安妮退学毫无意义，这等于承认学校和老师无法解决学生的问题。可是，如果他们自己解决不了，完全可以求助他人。也许，主管老师可以跟安妮的父母谈谈，安排她转学；也许别的老师更懂安妮。然而，她的主管老师却不这么想，他认为，逃学的差生必须开除。不过这只是个人观点，不是社会共识。对于教师来说，接受社会共识至关重要。

接下来发生的事情就可想而知了。女孩失去了生命中最后的支柱，事事都让她失望。由于被学校开除，连家人对她的最后一点赏识也没有了，于是，她离开了学校，离开了家，一度销声匿迹了。最后，她竟然跟一个士兵爆出一段风流韵事。

她的行为其实不难理解，她的目标就是得到赏识。此前，她一直都是积极向上的。如今，她却完全走向了反面。那个士兵一开始是很欣赏她的、很喜欢她的。但是后来，家人收到她的来信，信里说，她怀孕了，想服毒自尽。

给父母写信的行为符合她的性格。她不停地调整人生方向，希望能够得到认可。就这样，她转来转去，最终又转回家里了。她知道母亲此时非常绝望，肯定不会再骂她了。她觉得，能再次见到她，家人一定会万分高兴。

在处理这类病例时，最重要的是“认同”二字，即换位思考或将心比心。比如，像安妮这样的人，她的目标就是为了得到认可，而她所做的一切都是为了实现这一目标。如果我们把自己放到她的位置上，就会问问自己：“换了我，又会怎么办？”在此期间，性别和年龄都是需要考虑的重要因素。对于这样的人，要尽量去鼓励她，鼓励她朝着积极的方向努力。要尽量让她明白这样的道理：“也许我应该转学，我一点都不笨；也许我还不够努力；也许我的观察角度出了问题；也许我在学习上太主观了，根本没有理解老师的意思。”如果能让他们重新鼓起勇气，那么，就有可能朝着积极的方向发展。如果一个人既缺乏勇气，又存在自卑情结，那么，其结果一定是毁灭性的。

现在，我们把一个男孩放在安妮的位置上，结果，这个和她年龄相仿的男孩可能会成为罪犯。在生活中，这样的例子屡见不鲜。如果男孩在学校里失去了勇气，那么，他很可能会四处游荡，并最终成为黑帮成员。这种行为很好理解。男孩一旦失去勇气和希望，就会变得拖拖拉拉，伪造签名，编造借口，不做作业，迟到旷课。最终，会遇见同类，加入黑帮。至此，他会彻底丧失对学校的兴趣，变得越来越自我。

自卑情结常常与“百无一用”这种观念息息相关。有人认为，有些人天资聪颖，有些人呆笨愚钝，这种看法本身就是自卑情结的表现。个体心理学认为，“天生我材必有用”，如果一个男孩或一个女孩无法接受这种说法，认为自己根本无法实现人生目标，根本无法成为对社会有用的人，那么，这恰恰说明他们存在着深深的自卑情结。

相信遗传也是自卑情结的一种表现。如果遗传理论是正确的，如果成功完全取决于天赋，那么，心理学家就没有存在的必要了。然而，事实上，成功取决于勇气。心理学家的任务就是把绝望变成希望，从而积蓄力量完成有益的工作。

有时，我们看到一个十六岁的孩子被学校开除后在绝望中自杀。这种自杀其实是一种报复，是对社会的控诉。这是年轻人通过“私人智慧”而非“社会共识”进行的自我肯定。在这种情况下，唯一要做的就是尽力说服男孩，让他鼓起勇气，继续有益的生活。

其他案例，也比比皆是。比如，有一个十一岁的女孩，在家里不太招人喜欢。由于其他孩子都很受欢迎，所以她觉得自己实属多余。于是她就变得性情乖戾、桀骜不驯。这个例子不难分析。女孩觉得自己没有得到赏识。一开始，她努力争取；后来，便失去了希望。直到有一天，她走上了偷窃的道路。在个体心理学家看来，孩子的偷窃行为与其说是一种犯罪，倒不如说是自我充实的一种方式。如果一个人从未被剥夺过什么，那么他永远都不会有充实富足的概念。因此，女孩之所以会去偷窃，是她缺乏家庭的关爱，并因此感到绝望。我们常常发现，一旦孩子感到自己被剥夺了什么，就会开始偷窃。这种感觉也许不能说明什么事实，但的确构成了偷窃行为背后的心理原因。

还有一个例子，主角是一个八岁的小男孩。小男孩是一个相貌丑陋的私生子，跟自己的养父母住在一起。养父母既不关心他，也不管教他。有时，养母会给他糖果吃，那绝对是他生命中的高光时刻。后来，糖果越来越少了，男孩感到十分伤心。再后来，养母嫁给了一个老男人，并且生了一个女儿。那是他俩唯一的孩子，也是老男人快乐的唯一源泉，所以他特别宠爱她。男孩继续留在家里，唯一的原因是，一旦他搬出去住，他俩就得替他支付生活费。老男人每次回家时都会给女儿带糖果吃，而男孩只有干看的份儿。结果，男孩开始偷糖果吃。他之所以偷东西，是他觉得自己被剥夺了某些东西，所以要通过偷窃让自己充实起来。养父为此打他，但男孩屡教不改。也许有人认为男孩很勇敢，因为他宁可挨揍，也不退缩。然而，事实并非如此。其实，他也不希望自己的偷窃行为东窗事发。

这是一个典型的被人嫌弃的孩子，他从来没有享受过公平的待遇。我们应该说服他，让他有机会像常人一样生活。当他学会了认同并能设身处地为他人着想时，就会明白养父看见他偷窃时的感受，就会明白小女孩发现糖果不见了时的感受。在此，我们又一次看到，缺乏社会情感、缺乏理解和缺乏勇气三者是如何一起共同构成自卑情结的。就本例而言，三者共同构成了被人嫌弃的小男孩的自卑情结。

第十一章

包容婚恋对象的不完美

面对爱情和婚姻大事，首先要做一个正常人、一个能够很好适应社会的人。同时，无论是童年时期，还是成年时期，都要针对性本能进行一定的训练，其目的是确保个体在婚姻和家庭中能得到本能的正常满足。一切与爱情和婚姻有关的问题——有能力做的、无能力做的、爱好倾向等——都可以在早年形成的原型中找到根源。通过对个体原型特征的观察，就可以确切地指出其成年以后可能会遇到的问题。

爱情和婚姻中出现的问题与一般的社会问题在性质上是相同的，任务相同，困难也相同。所以，如果把爱情和婚姻看作万事如意的天堂，那就大错特错了。在爱情和婚姻当中，始终都存在着各种各样的任务。只有时刻把对方的利益放在心上，才有望一一完成。

与一般的社会适应问题不同的是，恋爱和婚姻当中尤其需要同理心，需要设身处地为对方着想的非凡能力。如今，很少有人为婚姻生活做好了充分的心理准备，这是因为他们从来不会用对方的眼光去看待问题，不会用对方的耳朵去倾听，也不会用对方的心灵去感受。

在前面的章节中，我们着重讨论了只关心自己不关心他人的问题儿童。我们不能指望这类儿童随着生理成熟一夜之间改变自己的性格。正如他们难以适应社会一样，他们在恋爱和婚姻面前同样是惊慌失措、狼狈不堪。

社会兴趣的培养是一个非常缓慢的过程。只有那些从小接受过这方面训练、始终积极向上的人，才有可能真正具有社会情感。因此，要判断一个人是否为婚恋生活做好了准备并非难事。

只需观察他对积极生活的态度就够了。积极向上的人往往勇气十足、自信满满。他敢于面对困难，积极寻求答案。他有同道，有朋友，与邻居关系融洽。不具备这些特征的人不值得信任，他们在恋爱和婚姻问题上也不可能成竹在胸。另外，如果一个人有一份正当的工作，并且一切进展顺利，那么，他很可能已经具备了结婚的条件。我们可以通过一些细节加以判断。细节的重要之处在于，它可以告诉我们一个人是否具有社会兴趣。

对社会兴趣本质的了解告诉我们，恋爱和婚姻问题只有在完全平等的基础上才能得到圆满解决。这种平等交换的基本原则是非常重要的，而一方是否尊重另一方则并非是重中之重。爱情本身并不能解决任何问题，因为有多少人就有多少种爱情观。只有建立在完全平等的基础之上，爱情才能走上正轨，婚姻才能顺风顺水。

结婚以后，任何一方若要独揽大权，都注定是一场灾难。如果有人梦想着婚后能征服对方，那也是异想天开，婚后的一切定会证明这一点。婚姻本无胜负之说，婚姻中根本就没有征服者的容身之所。在婚姻当中，真正需要的是关心对方，设身处地地为对方着想。

现在，我们来谈一下，要想结婚，究竟需要去做哪些特别的准备。这涉及与性本能相关的社会情感的培养。事实上我们知道，每个人从童年开始，心里都装着一个理想异性的形象。对于男孩来说，这个理想异性的原型很可能就是自己的母亲。所以，长大以后，他往往会娶类似的女性为妻。有时男孩与母亲之间可能存在一种令人不快的紧张关系。在这种情况下，他极有可能选择与母亲相反类型的女性。男孩与母亲之间的紧密关系会直接影响其日后选择妻子的标准。这一点可以从很多细节中观察出来，比如，眼睛、体形、发色等。

我们还知道，如果母亲过于强势，处处压制男孩，那么，到了恋爱结婚的年龄，他往往会畏葸不前。在这样的男孩心中，理想异性的标准是柔弱顺从。相反，如果男孩争强好斗，那么结婚以后，他在妻子面前定会寸步不让、恃强争霸。

由此可以看到童年时期的种种迹象是如何在婚恋问题面前得到进一步强化的。不难想象，一个自卑情结很严重的人在两性问题上会有怎样的表现。也许，他会因自身的软弱和自卑而四处寻求支持。他的理想异性往往都打上了“慈母”的烙印。有时为了弥补内心的自卑，他也许会反其道而行之，在爱情中变得傲慢无礼、咄咄逼人。同样，如果他缺乏勇气，便会觉得自己处处受限。此时，他极有可能选择一个争强斗狠的女孩。这样，如果在激战中胜出，就会觉得面子上更有光彩。

无论男性还是女性，都不可能通过这种方式取胜。利用两性关系来满足自己的自卑情结或优越情结是十分愚蠢的，也是十分荒唐的。但是，这种情况在现实生活当中屡见不鲜。仔细观察，就会发现，很多人不是在寻找配偶，而是在寻找牺牲品。他们并不明白，两性关系不能被当作自私自利的手段。如果一方想征服另一方，另一方必然会绝地反击，如此一来，两人携手生活共浴爱河便成了无稽之谈。

有些人会利用两性关系来满足自己的某些情结。知道了这种心理之后，很多择偶方面的奇怪现象也就不难理解了。这就告诉我们，有些人之所以选择性情柔弱、得疾患病或年龄较长的异性，是他们相信这样的选择会让事情变得更加简单。有时他们会选择已婚的异性，这说明他们根本就不想解决问题。有时他们同时跟两位异性恋爱，个中原因前面已经解释过了："一只羊也是赶，两只羊也是放。"

我们发现，一个自卑情结很严重的人会经常变换工作，拒绝正视问题，做事情常常半途而废。当面对爱情时，他们的反应也不例外。要么与已婚异性恋爱，要么同时跟两位异性暧昧，以此来满足其惯常的品位。此外，还有其他一些表现方式，比如，只订婚，不结婚；或者，只恋爱，不结婚。

儿时被惯坏的个体在婚姻中也是一样的，他们想继续从伴侣那里得到宠爱。这种情况在恋爱初期或结婚初期可能不会有什么危险，但是日后情况则会变得相当复杂。如果婚姻中的双方都是娇生惯养，其结果可想而知——双方都想继续受宠，可谁也不想纵容对方。他们仿佛相向而立，期待着，失望着，迷茫着。

不难理解一个人觉得自己受到误解、行动受到限制时会做出什么样的反应。他会感到自卑，他会想到逃避。这种感觉在婚姻中更为糟糕，尤其是在出现极度绝望的情绪时。此时，报复心理就会不请自来，乘虚而入。一方要打乱另一方的生活，最常见的做法就是婚外情。婚内出轨永远是一种报复行为。诚然，不忠的人常用爱和情感来为自己辩解。然而，事实上我们都明白情感的价值。个体的情感与他的优越目标永远都是一致的，绝对不能拿来当作不忠的借口。

为了进一步说明问题，不妨以一个从小娇生惯养的女人为例。她嫁给了一个总是觉得自己的权利被兄弟剥夺了的男人。可以看得出来，他非常喜欢这位温柔甜美的姑娘。而作为独生女，这位姑娘也特别希望能够得到赏识，得到宠爱。在孩子降生之前，他们的婚姻生活一直很幸福、很美满。然而，孩子出生之后发生的事情就可想而知了。妻子总想保持自己在家里的中心地位，生怕有了孩子之后自己的地位不保，所以，孩子的到来并没有让她高兴起来。与此同时，丈夫也想保持自己在妻子心中的地位，生怕孩子抢了他的风头。结果，夫妻双方都起了疑心。也许他们对孩子都很上心，方方面面也都很合格，然而，双方都很担心夫妻感情会慢慢变淡。这种猜忌非常危险，因为猜忌让他们对彼此的一言一行乃至一个表情都斤斤计较。这样很容易（或者说，似乎很容易）发现双方的感情确实变淡了。实际上，这一点的确没有逃过双方的眼睛。碰巧的是，就在妻子产后康复并照顾婴儿期间，丈夫到巴黎度假去了，而且玩得不亦乐乎。其间，丈夫多次给妻子写信，说巴黎很好玩，说他过得很开心，还说自己遇到了各种各样有趣的人。与此同时，妻子却觉得自己受到了冷落，被人遗忘了，因而再也高兴不起来了。她开始变得郁郁寡欢，并很快患上了广场恐惧症，无法独自出门。丈夫从巴黎回来之后，不得不一直陪伴在她的左右。至少从表面上看，她似乎达到了自己的目的，再次成为家里的中心人物，然而，这种满足的感觉极不正常。她觉得，如果自己的广场恐惧症消失了，丈夫也会立马消失。因此，她任由广场恐惧症继续吞噬着自己。

在她患病期间，有一位医生非常关心她。在医生的照料下，她的病情有了明显的起色。于是，她把自己的美好情感一股脑地倾注到他的身上。医生见她病情有所好转，就离开了她。她为此写了一封措辞优美的信，感谢他为自己所做的一切，然而，却如石沉大海，对方并未回复。此后，她的病情就开始恶化。

从那时起，为了报复自己的丈夫，她开始幻想着与别的男人私通。好在她的广场恐惧症救了她，因为她不敢独自出门，每次外出都要由丈夫亲自陪同。就这样，出轨的念头胎死腹中了。

目睹了婚姻中的种种谬误，我们不禁要问：“难道这一切都是不可避免的吗？”我们知道，这些错误都源于童年时期。我们还知道，通过认识和发现原型特征，可以改变错误的生活风格。因此，是否可以成立一些咨询机构，利用个体心理学的方法来解决婚姻中出现的各种问题？机构里的成员都是训练有素的专业人士，他们懂得个体生活中的点点滴滴是如何连贯在一起的；他们有着很强的同理心，能与患者产生共鸣。

这些机构不会说：“你们不懂得妥协，就知道争吵，离婚吧！”离婚有什么用？离婚以后又能怎样？一般来说，离了婚的人都想再婚，并继续自己之前的生活风格。有些人反复离婚，又反复结婚，他们只是简单地重复着自己的错误。这样的人应该去机构咨询一下，看看自己的婚姻或恋爱关系有无成功的可能。至少离婚之前应该这样做。

很多童年时期的小错误直到婚前其影响才显现出来。因此，总有人觉得自己的希望会落空。有些孩子永远都不快乐，总是害怕自己会失望。这样的孩子要么觉得自己已经失宠，自己的位置将被替代；要么因为早年的某个经历变得迷信起来，生怕悲剧会再次上演。不难看出，这种害怕失望的心态很容易导致婚后变得妒火中烧、疑神疑鬼。

女性当中普遍存在着这样一种特殊心理。在她们眼里，自己只是男人的玩物，而男人个个都是花心不改、贪得无厌。带着这样的心态结婚是不可能幸福的。如果一方坚信对方会背叛自己，那么，要想幸福，只能是天方夜谭。

人们总在不断寻求婚恋方面的建议，可见，婚恋被视为生活当中最重要的问题。然而，从个体心理学的角度来看，恋爱婚姻固然重要，但并非是最重要的。个体心理学认为，生活中没有哪个问题比另一个问题更为重要。如果我们过于强调婚恋的重要性，那么就很有可能破坏生活的和谐性。

人们之所以如此重视婚恋问题，也许是与其他问题不同，我们从来没有在这一方面接受过正规的指导。回想一下人生的三大问题。第一个问题是社交问题，它关系到我们与他人相处的艺术。从出生的第一天起，我们就开始学习如何与别人打交道。我们很早就学会了这些东西。就职业问题而言，我们有专业的培训课程，有专业的教师指导，还有专业的书籍可供参考。可是，指导婚恋的书籍又在哪里？当然，涉及婚恋方面书籍的确不少，文学作品里是断然少不了爱情故事的。可是，哪本书能告诉我们什么才是美满的婚姻？文化与文学是密不可分的，而文学作品关注的总是为情所困的男男女女，难怪人们在真实的婚姻面前会战战兢兢、谨小慎微了。

这一点从有人类开始就一直是这样。翻开《圣经》，可以发现，女性是麻烦的源头。打那以后，男女之间的爱情生活里自始至终都充斥着危险。在这一点上，我们的教育无疑是过于死板了。与其让男孩女孩觉得自己是“罪人”，倒不如采取更为明智的方式，让女孩学会扮演好女性角色，让男孩学会扮演好男性角色。而且在此过程中，要让他们感到男女双方是平等的。

当今，女性普遍感到自卑。这一事实证明，在这方面，我们的文化是失败的。如果读者诸君对此还半信半疑，那么，请去看看女性的奋斗史吧。你会发现，她们总想超越他人。为此，她们付出了超出常人的汗水。此外，她们比男性更加自我。今后必须教育女性培养更多的社会兴趣，而不是只为自己，不顾他人。为此，首先要破除男尊女卑的封建迷信思想。

下面这个例子告诉我们，有些人在婚姻方面毫无心理准备。舞会上，一名男子正与一位漂亮的姑娘跳舞。姑娘是他的未婚妻。突然，男子的眼镜掉到了地上，为了捡起眼镜，他险些把姑娘推倒在地。这一幕让旁边的人大跌眼镜。一个朋友问道："你这是干什么呀？"他回答说："总不能让她踩碎我的眼镜吧！"可见，这个年轻人根本就没有准备好结婚。事实上，那位姑娘最终确实没有嫁给他。

后来，这名男子找到医生，说自己得了抑郁症。这很正常，这是自私自利的人常见的结果。

有很多迹象可以考察一个人是否为婚姻做好了准备。因此，约会中无故迟到的人是不能相信的。无故迟到说明他内心还在犹豫，说明他并没有准备好去解决生活中的问题。

如果夫妻中的一方总想教育另一方，或者批评另一方，这也是没有做好准备的表现；过于敏感同样也是不好的信号，因为这是自卑情结的表现；没有朋友的人，或者不合群的人，也不适合结婚；在职业选择上犹豫不决也不是什么好的迹象；悲观的人适应能力差，因为悲观意味着他缺乏面对生活的勇气。

尽管上面列举了很多不受欢迎的人，但是，找到“命中注定的那个人”，或者说，选择一个合适的对象，并没有那么困难。我们不能期待找到心目中的理想对象。的确，如果我们发现一个人一直在苦苦寻找理想的结婚对象，却迟迟未能如愿，那么几乎可以断定，这个人缺乏决断，根本就不想结婚。

德国人有一种古老的方法，可以判断一对男女是否为结婚做好了准备。这是农村地区的一种习俗。人们把一把双柄锯交给准备结婚的男女。两人各执一端，开始锯树桩，而亲朋好友则在一旁观看。锯树桩是需要两个人相互配合的工作。双方必须时刻关注对方的动作，并随时做出调整。因此，人们认为，这一方法可以很好地检验男女双方是否默契。

最后，再重申一遍，只有能很好适应社会的人才能顺利解决婚恋中出现的问题。大部分婚恋问题都是缺乏社会兴趣的后果。因此，只有当事人改变了，问题才有可能得到解决。婚姻是两个人的事情。问题是，我们所接受的教育不是针对个人，就是针对集体，从来没有学过两个人要如何配合才能完成任务。尽管我们缺乏这方面的教育，但是，只要婚姻双方能够意识到自己性格中的缺陷，本着平等的精神看待问题，那么婚姻中出现的问题依然能够得到妥善解决。

毋庸赘言，婚姻的最高形式是一夫一妻制。然而，却有人以伪科学为根据，声称一夫多妻更符合人类的本性。这种观点实在无法令人接受，因为在我们的文化中，恋爱和婚姻是具有社会属性的。结婚不仅仅是为了个人利益，同时，也是为了社会利益。归根结底，婚姻的最终目的是为了种族的繁衍。

第十二章

不成熟的本能

在上一章里，我们讨论了有关婚恋的常见问题。现在，我们来看看婚恋中一个具体的方面——性欲问题及其与真实的或想象的性变态行为之间的关系。前面已经说过，与其他问题相比，个体在婚恋方面并没有接受良好的训练，因而准备也不充分。这一点在性问题方面显得尤为突出。需要指出的是，在性问题上，有很多迷信思想，必须一一破除。

最常见的迷信是遗传特征。有人认为，性欲是天生的，后天无法改变。众所周知，“遗传”二字常常被用来当作借口或者托词。有了这个托词，不思进取便成了顺理成章的事情。因此，有必要在此澄清一些科学观点。普通人对这些观点坚信不疑，然而，他们并没有意识到，许多作者仅仅是给出了简单的结论，却没有对导致这些结果的性本能的抑制程度或者人为刺激进行讨论。

性欲在生命初期就已经存在了。细心的护士或者父母都会发现，刚出生不久的婴儿就有一定的“性冲动”和“性行为”。不过，婴儿的这种性欲表现更多的是依赖于外部环境，其依赖超出一般人的想象。所以，当孩子出现这种行为时，父母应设法分散他的注意力。然而，通常他们的方法根本不起作用，或者根本就没有什么正确的方法。

如果孩子在生命初期没有了解性器官的正常功能，那么，日后自然会对性行为产生更大的兴趣。类似的倾向也出现在其他器官上。但是如果问题发现得较早，就可以及时对孩子的行为进行纠正。

总的来说，童年时期的性表达是很正常的，因此，不必因为孩子出现了某些性行为就大惊小怪。毕竟两性的最终目的都是与异性结合。所以，我们的策略就是密切关注、耐心等待。这就要求父母能微察秋毫，确保孩子的性表达没有偏离方向。

人们往往把童年时期自我训练的结果归结为遗传缺陷，有时甚至把自我训练本身也视为遗传特征。因此，如果孩子对同性的兴趣高于异性，也会被视为先天缺陷。但事实上，这种“缺陷”是日积月累的结果。有时孩子或者成人会出现性变态的迹象，人们同样也把它视为遗传问题。如果真是这样，人们为什么还要坚持自我训练？为什么还要做梦，并在梦里演练自己的行为呢？

有人会在某个时间停止自我训练，这一事实可以用个体心理学来解释。比如，有些人害怕失败，那是因为他们有自卑情结。有时他们会刻苦努力，最终自卑情结变成了优越情结。在这种情况下，往往会出现一些夸张行为，比如对性欲的过度强调。事实上，这类人的性欲或许真的比常人要强。

上述行为尤其容易受到环境的影响。我们知道，图片、小说、电影或者某些亲朋好友都常常把性驱力放在十分突出的位置。在当今这个时代，一切的一切都旨在增强人们对性的兴趣。然而，在向人们指出这一事实的同时，绝不能轻视性这一生理机能的重要性，绝不能轻视其在恋爱、婚姻乃至人类繁衍方面所发挥的重要作用。

父母在照料孩子时，最应该防范的是对性倾向的夸大。事实上，母亲对孩子最初出现的性冲动往往过于关注，使孩子过高地估计了性的重要性。此时，母亲会自乱阵脚，时刻守在孩子身旁，在他耳边絮絮叨叨，甚至会因此去惩罚孩子。然而，我们都知道，孩子都希望成为关注的焦点。于是，他们常常重复着同一个行为，希望通过挨骂而得到关注。所以，父母在孩子面前最好不要过于强调这个问题，把它当成一个普通问题来处理就行了。只要不让孩子看出你非常在乎这个问题，事情就好办多了。

有时某些传统行为也会给孩子造成不良影响。比如，母亲很爱自己的孩子，她会通过亲吻、拥抱等方式表现出来。这种行为应该适可而止，尽管很多母亲坚称自己并非刻意为之。事实上，这些行为并不能代表母爱，相反，这几乎就是对待敌人的方法。一个娇生惯养的孩子在性方面是很难健康成长的。

应当指出，很多医生和心理学家都认为，性欲的发展不仅是整个心理发展的基础，也是整个生理发展的基础。在这一方面，本书作者不敢苟同。我认为，性欲的形成与发展都依赖于人的个性，即生活风格和原型。

比如，如果我们知道一个孩子以某种方式来表达自己的性欲，而另一个孩子却想方设法压抑自己的性欲，那么，不难预测这两个孩子成年之后的发展状况。如果我们知道某个孩子总想博人眼球，总想征服别人，那么，可以得知，他会通过培养性欲的方式来达到上述目的。

很多人相信，通过一夫多妻制来表达自己的性本能，能很好地体现自己的优越地位和主导地位，因此他们会与很多人发生性关系。不难看出，他们是出于某些心理因素才过于强调自己的性欲和性态度，以为这样就能征服别人。这当然是一种幻觉，不过却是对自卑情结的一种补偿。

自卑情结往往是性变态的根源。饱受自卑情结困扰的人总在寻找最简单的出路。有时他发现，最简单的出路就是尽量逃避生活，同时夸大自己的性生活。

这种倾向常常出现在孩子身上，具体来说，大都出现在那些总想缠着别人的孩子身上。他们不断地制造麻烦，总是把心思花在毫无意义的事情上面，以此来牵扯老师和家长的精力。这种倾向也会出现在日后的生活当中，并希望以此为自己获得优越地位。这样的孩子在成长的过程中会混淆自己的生理需求和心理需求，即征服别人获得优越地位的欲望。有时他们在排斥生活中的机遇和问题的同时，也会走向极端。严重的是，性行为变态的人常常夸大自己的性欲。事实上，他们想通过夸大自己被扭曲的性倾向来回避正常的性生活问题。

只有了解了他们的生活风格，才有可能明白这一切。有些人渴望得到异性的青睐，却总觉得自己魅力不够。他们在异性问题上表现出来的这种自卑情结可以追溯到童年时期。比如，如果发现自己的姐妹或者母亲的言谈举止比自己更有魅力，他们就会觉得自己永远都不可能吸引女性的目光。这样的人或许非常崇拜异性，会刻意模仿异性的一举一动。因此，生活中有些男性的一言一行非常女性化，有些女性的一坐一起非常男性化。

有这样一个案例，很好地说明了我们之前讨论的这种倾向的形成过程。患者被指控是虐待狂，犯有虐待儿童罪。通过了解他的成长经历，我们得知，他的母亲专横跋扈，总是不断地批评他。尽管如此，他在学校里的表现却非常出色。可是，他母亲对他的表现从不满意。于是，他想把母亲排除在自己的家庭情感之外。他不再关心她，而是整天跟父亲腻在一起，对他非常依恋。

不难想象，在这个男孩的眼中，所有女性都疾言厉色、吹毛求疵，跟她们接触绝无乐趣可言。因此，若非万不得已，他对她们一定会敬而远之。就这样，他开始排斥女性。这样的人在现实生活中并不陌生。害怕时，他会感到性兴奋。他成天焦虑不安，内心饱受折磨，因而总在寻找安全的避风港。到头来，他会惩罚，折磨自己。不管是看到小孩受折磨，还是幻想着自己或者他人受折磨，他都会感到异常兴奋。由于他属于上面描述的这种类型，因此，在亦真亦幻的煎熬中，他都会感到极强的性刺激，得到极大的性满足。

这个案例充分说明了错误训练的可怕后果。这名男子向来不明白习惯之间是有联系的，或者说，等他明白过来也为时已晚。当然，人到了二十五岁或者三十岁才开始接受训练是非常困难的，正确的时机应该是在童年。

然而，在童年时期，事情会因为与父母微妙的心理关系而变得非常复杂。令人奇怪的是，差劲的性训练会导致孩子与父母之间产生心理冲突。一个正值青春期且争强好斗的孩子常常通过放纵私欲故意伤害自己的父母。众所周知，无论是男孩还是女孩，在跟父母发生冲突之后，很容易与他人发生性关系。他们通过这种方式来报复父母。而且在得知父母在这方面极为敏感时，反而变本加厉。这也是那些争强好斗的孩子大都采用的反击方式。

避免儿童使用这种战术的唯一方法，就是要让他们学会对自己负责，要让他们明白，这个问题不仅关系到父母的利益，也关系到自己的利益。

除了体现在生活风格中的童年环境以外，一个国家的政治、经济状况同样会对性行为产生影响，继而形成一种极具感染力的社会风格。在日俄战争和第一次俄国革命失败之后，所有人都失去了信心和希望。众所周知，革命时期常常会出现夸大性欲的趋势。战争期间，由于生命变得毫无价值，所以人们纷纷纵情声色、朝欢暮乐。

奇怪的是，警察也懂得人们常常通过性来寻求心理解脱的道理。至少在欧洲，无论发生什么犯罪案件，警察通常都会去妓院寻找线索，而且总能在那里抓到凶手或者其他罪犯。罪犯之所以会去妓院，是他们在犯罪之后精神高度紧张，需要排解压力。他们想让自己相信自己的力量，想以此证明自己依然是一个强大的存在，而非一个失落的灵魂。

有一个法国人曾经说过，在所有的动物当中，只有人类会在不饿的时候吃饭，会在不渴的时候喝水，会随时随地与他人发生性关系。在性本能方面的放纵与在其他方面的放纵没有本质的区别。然而，对任何一种欲望的过度放纵，或者对任何一种兴趣的过度开发，都会影响生活的和谐。类似的案例在心理学的文献中比比皆是。人们毫无节制地放纵自己，兴趣和欲望最终都变成了强迫行为。最经典的例子莫过于视财如命的守财奴。当然，也有人有洁癖，一天到晚洗个没完。还有人坚信民以食为天，他们从早到晚吃个不停，脑子里装的全都是吃的，所有的话题也都离不开吃的。

纵欲过度也是如此，它会导致行为失衡，并最终让个体的生活风格走向反面。

在性本能的适当训练中，性驱力应该受到约束，从而为体现所有活动的目标服务。如果目标选择得当，那么，无论是性本能还是其他欲望的作用都不会得到渲染夸大。

另外，尽管所有的欲望和兴趣都需要得到适当的控制，但是完全压制则十分危险。正如过度节食会对身心造成危害一样，完全禁欲也是不可取的。

这就意味着，在正常的生活风格中，性欲自然会得到恰当的释放。然而，这并不是说，只要随心所欲就能远离神经症这一生活风格失衡的疾病。人们普遍认为，神经症是性压抑的结果，这种看法是完全错误的。事实上，恰恰相反。真相是，神经症患者往往找不到合适的性表达方式。

也有这样一类患者。他们听从别人的建议，不再压抑自己的性欲，结果情况变得越来越糟。之所以如此，是他们没有将自己的性生活与有益的社会目标联系在一起。只有目标正确，患者的病情才能有所好转。由于神经症是由生活风格导致的，因此，性欲的释放本身并不能治好它。要想治好这种疾病，只能从改变个体的生活风格入手。

对于个体心理学家来说，这一切都再清楚不过了。他会毫不犹疑地宣布，只有幸福的婚姻才是解决一切性问题的灵丹妙药。然而，神经症患者却并不看好这种方法，因为他们常常胆小懦弱，无法适应社会生活。同样，那些过分强调性欲的人、那些提倡一夫多妻制的人以及那些总在同居或者总是试婚的人，他们都不想通过社会途径来解决其性问题。他们没有耐心，不愿意在夫妻双方共同利益的基础上来解决社会适应不良问题。相反，他们总是梦想着能找到一种新的途径，来逃避一切问题。而有时候，最艰难的道路才是真正意义上的捷径。

第十三章

结语

至此，可以对我们的调查结果做一个总结了。个体心理学的研究方法始终都是围绕着自卑问题展开的。对于这一点，我们毫不避讳。

我们知道，一方面，自卑是人类不懈努力和取得成功的基础；另一方面，自卑又是一切心理问题的根源。如果个体无法找到一个恰当而具体的优越目标，自卑情结就会出现。自卑情结产生了逃避的欲望，而逃避的欲望又表现为优越情结。所谓优越情结，不过是一个有害无益、哗众取宠的人生目标，让个体在虚幻的成功中获得心理上的满足。

这就是心理活动的动力机制。具体而言，心理活动过程中出现的错误有时更加有害。我们知道，生活风格中的种种倾向都是在童年时期——四五岁时——形成的，是以原型的形式出现的。因此，健康的心理生活完全依赖于童年时期的正确引导。

正如前面所言，童年引导最主要的目标就是培养儿童的社会兴趣，使其树立健康有益的人生目标。只有通过合理训练，培养儿童的社会适应能力，才能让普遍存在的自卑感得到有效控制，从而防止其发展成为自卑情结或者优越情结。

社会适应问题是自卑情结的对立面。正是因为个体的自卑和软弱，人类才生活在社会里。因此，只有培养社会兴趣，学会与人合作，个体才能得到真正的救赎。

图书在版编目（CIP）数据

阿德勒的生命重建课 /（奥）阿尔弗雷德·阿德勒著；张积模，江美娜译. — 天津：天津人民出版社，2021.4
ISBN 978-7-201-17082-4

Ⅰ. ①阿… Ⅱ. ①阿… ②张… ③江… Ⅲ. ①心理学—通俗读物 Ⅳ. ① B84-49

中国版本图书馆CIP数据核字（2020）第262293号

阿德勒的生命重建课

ADELE DE SHENGMING CHONGJIAN KE

出　　版 天津人民出版社
出 版 人 刘　庆
地　　址 天津市和平区西康路 35 号康岳大厦
邮　　编 300051
邮购电话 （022）23332469
电子信箱 reader@tjrmcbs.com

责任编辑 范　园
特约编辑 姜晴川　华　序
装帧设计 仙　境

制版印刷 嘉业印刷（天津）有限公司
经　　销 新华书店
开　　本 787 毫米 ×1092 毫米　1/32
印　　张 7.25
字　　数 110 千字
版次印次 2021 年 4 月第 1 版　2021 年 4 月第 1 次印刷
定　　价 55.00 元